GAOYA DIANQI SHEBEI SHIYAN

高压电气设备试验

主　编　闫佳文　白剑忠

副主编　郭小燕　邹　园

中国电力出版社
CHINA ELECTRIC POWER PRESS

内 容 提 要

本书内容包括电气试验基础，500kV 自耦变压器，1000kV 变压器，三相变压器，油浸电抗器，开关设备，电流互感器，电磁式电压互感器，电容式电压互感器，无间隙金属氧化物避雷器，带间隙避雷器，并联电力电容器，电力电缆，悬式绝缘子及地网、接地装置等内容。

本书可作为电气试验专业技术人员的专用教材，也可作为电气试验工作辅导手册。

图书在版编目（CIP）数据

高压电气设备试验 / 闫佳文，白剑忠主编 . —北京：中国电力出版社，2021.8（2024.2 重印）
ISBN 978-7-5198-5519-2

Ⅰ . ①高… Ⅱ . ①闫… ②白… Ⅲ . ①高压电气设备—试验 Ⅳ . ① TM7

中国版本图书馆 CIP 数据核字（2021）第 060374 号

出版发行：中国电力出版社
地　　址：北京市东城区北京站西街 19 号（邮政编码 100005）
网　　址：http://www.cepp.sgcc.com.cn
责任编辑：孙建英（010-63412369）
责任校对：黄　蓓　马　宁
装帧设计：赵丽媛
责任印制：吴　迪

印　　刷：三河市万龙印装有限公司
版　　次：2021 年 8 月第一版
印　　次：2024 年 2 月北京第三次印刷
开　　本：787 毫米 ×1092 毫米　16 开本
印　　张：6.5
字　　数：137 千字
印　　数：2501—3500 册
定　　价：38.00 元

本书编委会

主　　任　　陈铁雷

委　　员　　赵晓波　杨军强　田　青　石玉荣　郭小燕
　　　　　　祝晓辉　毕会静

本书编审组

主　　编　　闫佳文　白剑忠
副 主 编　　郭小燕　邹　园
编写人员　　刘　婕　蒋春悦　冯士桀　陈长金　张　乾
　　　　　　刘　哲　吴　强　欧阳宝龙　王　绪　赵锦涛
　　　　　　郝自为　李　昂　张　沛　杨世博　胡伟涛
　　　　　　金富泉　国会杰　刘晓飞　李增福　王晓华
　　　　　　葛乃榕　齐　超　郭沫凯
主　　审　　杨军强

前　言

为提升电气试验专业技术人员的技能水平，使电气试验专业技术人员清晰地掌握高压电气设备尤其是 500kV、1000kV 电压等级类设备的操作流程方法，更为有效的保障电力设备的安全稳定运行，国网河北省电力有限公司培训中心特编写本书。

本书侧重于对高压电气设备的接线方法、判断依据的说明，尤其是对 500kV、1000kV 变压器进行了特别陈述，便于读者更好地掌握各电压等级电气设备的试验方法，以此指导日常生产工作。

本书可作为电气试验专业技术人员的专用教材，也可作为电气试验工作辅导手册。

本书内容包括电气试验基础，500kV 自耦变压器，1000kV 变压器，三相变压器，油浸电抗器，开关设备，电流互感器，电磁式电压互感器，电容式电压互感器，无间隙金属氧化物避雷器，带间隙避雷器，并联电力电容器，电力电缆，悬式绝缘子及地网、接地装置等内容。

本书由闫佳文、白剑忠主编，由杨军强主审。其中绪论电气试验基础由闫佳文、刘婕编写；第一章 500kV 自耦变压器由白剑忠、蒋春悦编写；第二章 1000kV 变压器由冯士桀、陈长金编写；第三章三相变压器由张乾、吴强、刘哲编写；第四章油浸电抗器由欧阳宝龙、郭小燕编写；第五章开关设备由王绪、蒋春悦编写；第六章电流互感器由郝自为、闫佳文编写；第七章电磁式电压互感器由邹园、李昂编写；第八章电容式电压互感器由张沛、赵锦涛编写；第九章无间隙金属氧化物避雷器由杨世博、陈长金编写；第十章带间隙避雷器由闫佳文、胡伟涛编写；第十一章并联电力电容器由邹园、刘晓飞编写；第十二章电力电缆由陈长金、吴强编写；第十三章悬式绝缘子由李增福、王晓华、陈长金编写；第十四章地网、接地装置由闫佳文、邹园、葛乃榕编写。全书由闫佳文统稿，金富泉、国会杰、齐超、郭沫凯校对。

本书在编制过程中，得到了国网河北省电力有限公司检修分公司的大力帮助，特此感谢！

由于编者水平有限，书中难免存在疏漏或者不足之处，敬请广大读者批评指正。

编者

2021 年 3 月

目　录

绪 论

电 气 试 验 基 础

一、绝缘电阻测试

（一）试验原理

（1）任何材料都不可能绝对不导电，在外电场的作用下，电介质总有一些带电离子会形成微小的泄漏电流，这就是电导。这个泄漏电流 i 主要是由三部分组成：阻性电流 i_R、电容电流 i_C 和吸收电流 i_j（主要是由介质的极化引起的），如图 0-1 所示。

其中电压 U 与达到稳定时（60s）的电导电流 I 之比称为绝缘电阻：$R=U/I$（对于大容量试品如变压器来说，由于近年来固体绝缘在变压器中的相对比重有所增大，而油相对减少，I 要在 600s 时才能达到稳定）。

（2）吸收比：$K_C = R_{60s}/R_{15s}$，极化指数：$K_j = R_{600s}/R_{60s}$，吸收比与极化指数的大小不受温度的影响，其结果可以发现被试品的受潮、脏污等情况。

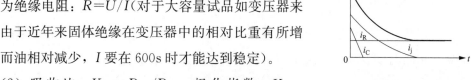

图 0-1　直流电压下电流变化曲线

（二）绝缘电阻表的工作原理和使用方法

（1）绝缘电阻表的原理如图 0-2 所示，L 为负极高压测试端子，G 为屏蔽端子，与 L 等电位，E 为正极低压端子。测试时流过屏蔽端的电流不经过测量单元直接回到电源负极，从而起到屏蔽作用。

（2）绝缘电阻表的使用方法。①选择合适的电压等级和容量的绝缘电阻表；②试验前拆除被试品的电源及与其他设备的连接线，并将被试品短接接地；③将被试品擦拭干净；④按要求接线测试，接线方法如图 0-3 所示；⑤试验完毕，记录数据及温度及湿度，并对被试品放电；⑥重复测试，检验测试结果的稳定性。

（3）安全注意事项。①不可以在设备带电情况下测试；②对于容量较大的试品，测试完毕，一定要对其进行放电；③绝缘电阻测试完毕，应先断开 L 线，再关电源，对于 AVO 系列绝缘电阻表，可以先关电源，让仪表放电，再断开 L 线。

（4）影响因素：①温度。绝缘电阻随温度的升高而降低，$R_{t2} = R_{t1} \cdot 1.5^{(t_1-t_2)/10}$。②湿度。当湿度较大时，绝缘（特别是极性纤维材料）由于表面吸收水分，使电导率增大，降低了绝缘电阻值。③表面脏污和受潮。当被试品表面脏污或受潮时，回使其表面电阻率大大下降。④残余电荷。当残余电荷的极性与绝缘电阻表的极性相同时，由于电荷容易达到饱和，从而电流会很小，而引起绝缘电阻值偏大；如果残余电荷的极性与绝缘电阻表的极性相反时，由于电荷不容易达到饱和，从而电流会很大，而引起绝缘电阻值偏小。⑤绝缘电阻表容量。当绝缘电阻表的容量较小时，而被试品的容量较大时，测试绝缘电阻值会有很大误差。

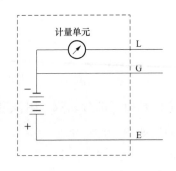
图 0-2 绝缘电阻表原理图

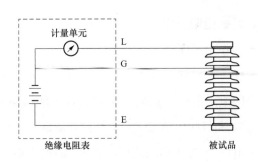
图 0-3 绝缘电阻测试

（5）分析判断：所测结果（绝缘电阻、吸收比和极化指数）应符合有关规定；对于同一被试品在相同温度下测试结果不应有明显差别；同一台设备的三相结果不应有明显差别。

二、介质损耗、电容量测试

（一）试验原理

（1）介质损耗因数。

介质损耗（简称介损）因数在国际上有两种表示方法：以中国、俄罗斯为代表的 $\tan\delta$ 和欧美为代表的 $\cos\theta$，其原理如图 0-4 所示。

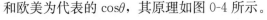

$\tan\delta$：电流的有功分量（阻性电流）与无功分量（容性电流）的比值，I_R/I_C，即有功与无功的比值。

$\cos\theta$：电流的有功分量与（阻性电流）与总电流的比值，I_R/I，即有功与总功的比值。

在大电容量设备中，如电容器中电流的阻性分量非常非常小，此时两个值基本上是非常接近的。

图 0-4 介损电桥正接线测试原理图

介质损耗会引起发热，劣化，甚至老化击穿。所以要求介质损耗因数越小越好。

（2）介损测试仪。

介损测试仪器的种类很多，不管是通过倒相还是通过改变频率来消除干扰，测试单元的原理主要有两类：一是通过阻抗矢量的平衡，二是通过电流与电压矢量夹角的计算。对于电气设备的介损测试主要有两种方法：正接线法、反接线法，分别用来测试非接地试品和接地试品的介损和电容量，对于正接线测试时，计量单元在测量线 C_x 上，反接线测试时计量单元在高压线 HV 上，其原理如图 0-5 和图 0-6 所示。

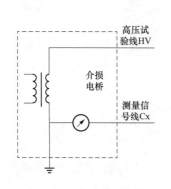 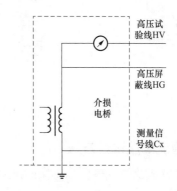

图 0-5 介损电桥正接线测试原理图　　图 0-6 介损电桥反接线测试原理图

（二）试验方法

电气设备的介损测试主要有两种方法：正接线法、反接线法，分别用来测试非接地试品和接地试品的介损和电容量，正常测试直接由高压试验线 HV 接试品的上端，对于非接地试品测试线 C_x 接试品下端，对于接地试品下端不用接线。

常规测试时一般不使用屏蔽，如果在天气非常恶劣或试品表面比较脏污的情况下，可以采用在试品的部分绝缘表面涂抹硅胶的方法进行。

三、直流高压试验

（一）试验原理

（1）用绝缘电阻表测量绝缘介质的绝缘电阻、吸收比及极化指数，主要是测量绝缘介质的电流—时间特性。直流耐压和泄漏电流试验电流—时间、电导电流—电压及电流—温度等特性，它与绝缘电阻测量相比有自己的特点：①试验电压高，可随意调节。在高电场强度下，可以容易使绝缘本身的弱点暴露出来。②泄漏电流可以由微安表监测，灵敏度高，测量重复性也好。

（2）试验接线如图 0-7 所示。

（3）微安表的接法。

现场电气设备的绝缘有一端接地，也有不直接接地的，微安表的接线方法可以有以下两种接法：微安表接在高压侧，微安表接在低压侧，如图 0-8 所示。

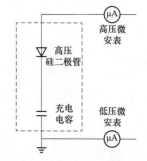

图 0-7 直流高压试验原理接线

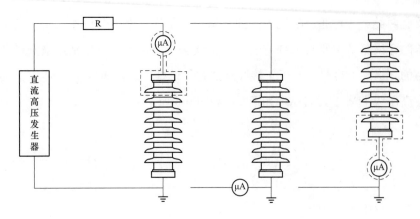

图 0-8　微安表的接法

（二）直流高压试验方法

（1）测量方法及注意事项：①接好试验线，检查接线的正确性。②缓慢升压至要求值，微安表指示无突变现象。③均匀退压至零。④通过放电棒进行充分放电。

（2）影响因素：①杂散泄漏电流的影响，增加高压导线直径，缩短导线长度。②表面泄漏电流，保证试品干燥、洁净，必要时可以加屏蔽环。③温度、湿度的影响。④介质的电流—时间特性与介质内电场强度的大小及随时间的变化率有关。⑤残余电荷的影响。

四、交流耐压试验

（一）工频耐压试验

（1）由于工频交流耐压试验收到电压波形、频率与电气设备运行情况下内部的电压分布相符，而且高频耐压所施加电压远远高于运行电压，所以高频交流耐压能够有效地查出电气设备内部普遍性和局部性的绝缘缺陷，并且能够考验出电气设备耐受高压的能力。如图 0-9 和图 0-10 所示为工频交流耐压试验的原理图。

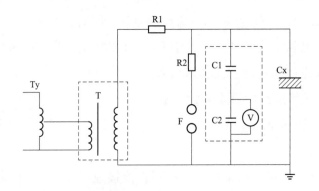

图 0-9　工频交流耐压试验原理

Ty—调压器；T—试验变压器；R1—保护电阻；F—保护球隙；R2—球隙保护电阻；

Cx—被试品；C1、C2、V—高压测量系统

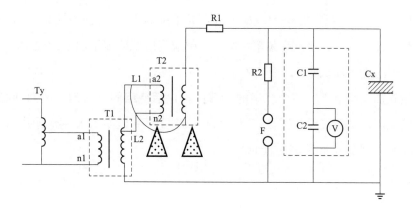

图 0-10　串级耐压实验原理图

（2）计算试验变压器的容量是否满足要求。

$$S \geqslant 2\pi \cdot f \cdot C_x \cdot U \cdot U_N \cdot 10^{-3} \text{ 或 } I \geqslant 2\pi \cdot f \cdot C_x \cdot U \tag{0-1}$$

式中　f——试验电源频率（50Hz）；

　　C_x——被试品的电容量（可以使用电容表大致测量被试品的电容量），μF；

　　U——耐压值，kV；

　　U_N——试验变压器额定电压值，kV；

　　S——试验变压器容量，kVA；

　　I——试验变压器的额定电流，mA。

（二）谐振耐压试验

对于长电缆线路、电容器、变压器等电容量较大的设备，交流耐压时需要的试验设备和电源的容量都非常大，往往都很难满足要求，所以利用谐振的原理，在保持电源和试验设备容量不变的情况下，把被试品作为电容、试验变压器作为电抗，调节试验电源的频率，使其谐振，来间接达到试验要求。

（1）串联谐振（电压谐振）：当试验变压器的额定电压不能满足试验电压的要求，但试验电源的电流能够满足要求的情况下，采用串联谐振的方法。

（2）并联谐振（电流谐振）：当试验变压器的额定电压满足试验要求，但电流不满足要求时，采用并联谐振对电流进行补偿，已解决试验电源容量不足的问题。

（3）串并联谐振：当试验变压器的额定电压和额定电流都不满足试验要求时，可以采用串并联谐振线路。

（三）感应耐压

交流感应耐压是采用在低压侧施加一个较高频率的电压，通过电磁感应，实现对高压绕组的主绝缘和纵绝缘的加压手段，统称为感应耐压。

根据变压器的电势方程式 $E=KfB$ 来看，为了提高电压 E 且不提高铁芯中的磁通密度 B，不使铁芯过饱和，必须提高频率，所以，感应耐压试验多采用倍频试验。

（1）变压器感应耐压试验。

分次单相施加试验电压，使个绕组的各部位，包括绕组间、对地、相间绝缘均达到各自规定的试验电压，试验接线如图 0-11 所示为 YN，d11 变压器 A 相感应耐压试验方法。

（2）倍频耐压试验（如图 0-12 所示）。

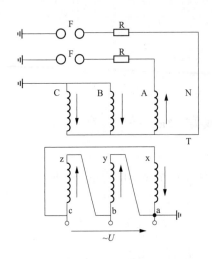

图 0-11　变压器 A 相感应耐压试验原理图　　　　图 0-12　三倍频电源原理图

在三倍频试验变的一次绕组上施加正弦交流电，并使其铁芯达到饱和，这样铁芯中产生平顶波的磁通，可以分解出基波、三次、五次……谐波磁通，并分别在二次绕组中感应出基波和三次谐波（三倍频）电动势。二次三角形开口处，基波电压的三相向量和为零，而三次谐波电压为三相三次谐波电压的代数和，即三角形开口端输出为三倍频电压。

（3）感应耐压的耐压时间。

对于感应耐压试验，试验电压频率可以比额定电压频率高，以免铁芯饱和。持续时间应为 1min。但是，若试验频率超过两倍额定频率时，其试验时间可少于 1min，并按下式计算，但不少于 15s。

$$耐压时间(s)=120×(额定频率/试验频率)$$

如：对于三倍频，加压时间应为 40s。

第一章

500kV自耦变压器

一、绕组变形试验

1. 试验方法

测试高压时测量信号由变压器中性点注入，高压侧输出；测试中压时测量信号由变压器中性点注入，中压侧输出；测试低压时测量信号由变压器低压 1 注入，低压 2 输出。变压器的几种常见接线方式如图 1-1 所示，测试接线如图 1-2 和图 1-3 所示。

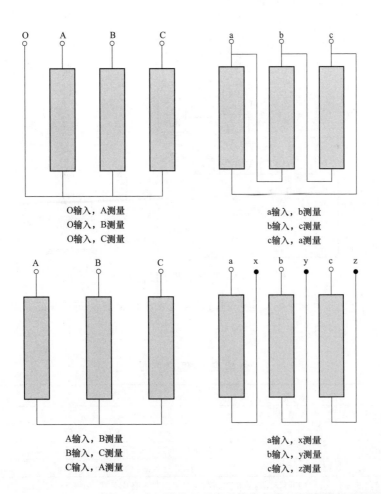

O输入，A测量
O输入，B测量
O输入，C测量

a输入，b测量
b输入，c测量
c输入，a测量

A输入，B测量
B输入，C测量
C输入，A测量

a输入，x测量
b输入，y测量
c输入，z测量

图 1-1　变压器的几种常见接线方式

7

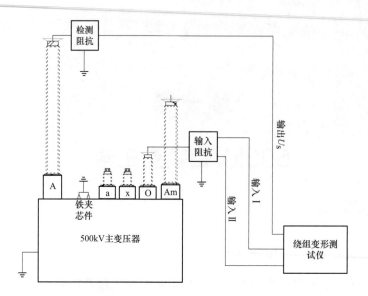

图 1-2　高压侧测试接线图（中压同）

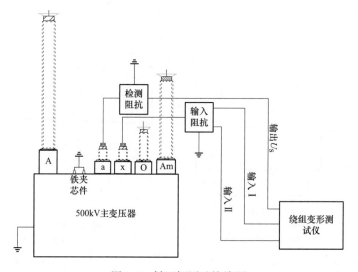

图 1-3　低压侧测试接线图

2. 判断标准：【国家电网公司变电检测通用管理规定　第 27 分册：绕组频率响应分析细则】绕组变形程度判断如表 1-1 所示。

表 1-1　　　　　　　　　　　　　　　绕 组 变 形 程 度 判 断

变形程度	相关系数
严重变形（不能投运）	$R_{LF} < 0.6$
明显变形（安排检修）	$0.6 \leqslant R_{LF} < 1.0$ 或 $R_{MF} < 0.6$
轻度变形（加强监测）	$1.0 \leqslant R_{LF} < 2.0$ 或 $0.6 \leqslant R_{MF} < 1.0$ 或 $R_{HF} < 0.6$
正常	$R_{LF} \geqslant 2$ 且 $R_{MF} \geqslant 1.0$ 且 $R_{HF} \geqslant 0.6$

注　R_{LF} 为曲线在低频段（1～100kHz）内的相关系数；R_{MF} 为曲线在中频段（100～600kHz）内的相关系数；R_{HF} 为曲线在高频段（600～1000kHz）内的相关系数。

（1）当曲线低频段的波峰或波谷发生明显变化，绕组电感可能改变，可能存在匝间或饼间短路情况。

（2）当曲线中频段的波峰或波谷发生明显变化，绕组可能发生扭曲或鼓包等局部变形现象。

（3）当曲线高频段的波峰或波谷发生明显变化，绕组的对地电容可能改变，可能存在线圈整体位移等情况。

3．注意事项

（1）试验前，对变压器进行充分放电，铁芯、夹件、测试仪器与变压器外壳必须可靠接地。

（2）测试前应断开待试设备套管端子的所有连接线，并使引线远离套管，以免杂散电容影响。

（3）比较三相频响曲线，如果三相曲线存在差异，应检查接线方式是否正确，接地线接地是否良好。

（4）保持试验线不与阻抗盒接触，接地线不与套管将军帽金属部位接触。

二、低压短路阻抗试验

1．试验方法

由于该500kV变压器为单相自耦变压器，三相间没有导通的磁路，所以不能采用常规短路阻抗的试验方法，只能采用电流电压法（变压器损耗参数测试仪）进行测试。

阻抗电压（％）定义：二次侧短路，一次侧（或二次侧）电流达到额定电流值时，一次侧电压与一次侧额定电压之比（即短路阻抗与该分接位置的额度电抗的比值）。

记录的变压器参数包括：短路阻抗 Z_k、短路电抗 X_k、漏电感 L_k、阻抗电压（％）。首次测试应测试使用分接位的短路阻抗值 Z_{ke}。

额定阻抗为 $Z_e = U_e^2 / S_e (\Omega)$，短路阻抗值 Z_k 占 Z_e 的百分数为 H-L 的阻抗电压（％）。

短路阻抗试验接线原理如图 1-4 所示。

（1）高压对低压短路阻抗。接线图如图 1-5 所示（以变压器损耗参数测试仪接线为例）。

（2）中压对低压短路阻抗。接线图如图 1-6 所示。

（3）高压对中压短路阻抗。接线图如图 1-7 所示。

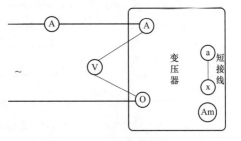

图 1-4　短路阻抗试验原理图
（以 H-L 为例）。

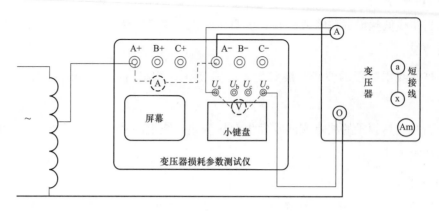

图 1-5　高压对低压（H-L）短路阻抗

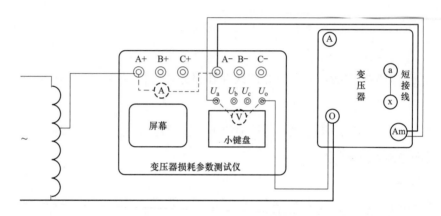

图 1-6　中压对低压（M-L）短路阻抗

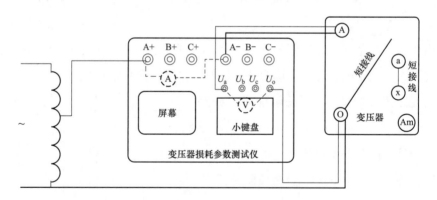

图 1-7　高压对中压（H-M）短路阻抗

2. 判断标准：【国家电网公司变电检测通用管理规定　第 26 分册：短路阻抗测试细则】

（1）1000kV 变压器初值差不超过±3％；容量 100MVA 以上或 220kV 以上的变压器初值差不超过±1.6％；容量 100MVA 及以下且 220kV 以下的变压器初值差不超过±2％。

（2）容量 100MVA 以上或 220kV 以上的变压器三相之间的最大相对互差不应大于

2%；容量 100MVA 及以下且 220kV 以下的变压器三相之间的最大相对互差不应大于 2.5%。

3. 注意事项

（1）应在最大分接、额定分接及最小分接进行测试。

（2）应在相同电流下进行测试。

（3）试验电流可用额定电流，亦可低于额定电流，但不宜小于 5A。

三、绝缘电阻、吸收比 K_m 和极化指数 PI 试验

1. 试验方法

试验接线方式如表 1-2 所示。

表 1-2　　　　　　　　　　　　　试 验 接 线 方 式

测试项目	绝缘电阻表接线方式（5000V）		
	一（L）	+（E）	G
L-H、M、地	L	H、M、O、地	—
H、M-L、地	H、M、O	L、地	—
H、M、L一地	H、M、O、L	地	—
铁芯一夹件及地	铁芯	夹件、地	—
夹件一铁芯及地	夹件	铁芯、地	—
铁芯一夹件	铁芯	夹件	—

2. 判断标准：【国网（运检/3）829-2017 国家电网公司变电检测管理规定：附录 A.1】

（1）绕组绝缘电阻：10～30℃下测得的吸收比 K_m 不低于 1.3 或极化指数 PI 不低于 1.5 或绝缘电阻大于 10000MΩ。

（2）铁芯、夹件绝缘电阻：750kV 及以下变压器≥100MΩ（新投运≥1000MΩ）。

3. 注意事项

（1）拆除或断开变压器对外的一切连线，将被试品接地进行充分放电。

（2）绕组绝缘电阻选取 5000V 测试挡，将测试时间调为 10min。分别记录 15s、60s、10min 的绝缘电阻，并计算吸收比 K_m（R_{60s}/R_{15s}）和极化指数 PI（R_{10min}/R_{60s}）。

（3）铁芯、夹件绝缘电阻采用 2500V 绝缘电阻表（老旧变压器采用 1000V 绝缘电阻表）。

（4）在阴雨潮湿的天气及环境湿度太大时，应加屏蔽线，屏蔽线应接近"一"极端，采用软铜线围绕套管 2～3 圈勒紧。

（5）绕组绝缘电阻换算至同一温度下，变化应小于 30%，低于 50℃时测量，不同温度下的绝缘电阻值一般按下式换算：$R_2 = R_1 \times 1.5^{(t_1-t_2)/10}$，式中：$R_1$、$R_2$ 为温度 t_1、t_2 时的绝缘电阻值。

（6）吸收比 K_m 和极化指数 PI 不做温度换算。

（7）重复测量及更换接线测量时，短路接地放电时间不低于 10min。

四、绕组介损试验

1. 试验方法

试验接线方式如表 1-3 所示。

表 1-3   试 验 接 线 方 式

测试项目		试验接线			备注
		高压试验线	接地	接线方式	
L-H、M、G		L	H、M、O	反接线（10kV）	设为 C_1
H、M-L、G		H、M、O	L	反接线（10kV）	设为 C_2
H、M、L-G		H、M、O、L	—	反接线（10kV）	设为 C_3
电容量分解计算	H、M-G	$C_{H,M-G}=(C_2+C_3-C_1)/2$			绕组变形分析
	L-G	$C_{L-G}=(C_1+C_3-C_2)/2$			
	L-H、M	$C_{L-H,M}=(C_1+C_2-C_3)/2$			

2. 判断标准：【国网（运检/3）829-2017 国家电网公司变电检测管理规定：附录 A.1】

（1）$\tan\delta$ 值与历年的数值比较不应有显著变化（一般不大于 30%）。

（2）20℃时的介损因数：

330kV 及以上，$\tan\delta$ 不大于 0.005（注意值）；

66～220kV，$\tan\delta$ 不大于 0.008（注意值）；

35kV 及以下，$\tan\delta$ 不大于 0.015（注意值）。

（3）电容量初值差不大于±3%。

（4）根据各分解电容量的变化来推测各绕组之间的径向距离是否发生变化，来判断发生变形的绕组：分解电容量初值差不大于±3%，且与以前数值比较不应有显著变化。

3. 注意事项

（1）将测量绕组各相短接，非测量绕组各相短接接地。

（2）在油温低于 50℃时，不同温度下的 $\tan\delta$ 值一般可按式（1-1）换算：

$$\tan\delta_2 = \tan\delta_1 \times 1.3^{(t_2-t_1)/10} \tag{1-1}$$

其中 $\tan\delta_1$、$\tan\delta_2$ 分别为 t_1、t_2 时的 $\tan\delta$ 值。

（3）电容量值与出厂值或初值的差别超出±3%（注意值）时，应结合短路阻抗和频响法绕组变形试验查明原因。

五、电容型套管的绝缘电阻、tan δ 和电容值（正接线、10kV）试验

1. 试验方法

（1）套管主绝缘电阻：负极（L）接高压端，正极（E）接套管末屏。

末屏对地绝缘电阻（2500V）：负极（L）接末屏，正极（E）接地。

（2）套管主绝缘的介损、电容量：将高中压、中性点短接接高压试验线（H），低压绕组短接接地，被试套管的末屏接电桥的测量（Cx）线，正接线测量，加压10kV。

末屏对地的介损、电容量：被试套管的末屏接电桥的高压试验线（H），将高中压、中性点短接接Cx线（Cx线作为低压屏蔽线），反接线低压屏蔽测量，加压2kV。

2. 判断标准：【国网（运检/3）829-2017 国家电网公司变电检测管理规定：附录A.13】

（1）主绝缘电阻：≥10000MΩ（注意值），末屏绝缘电阻：≥1000MΩ（注意值）。当电容型套管末屏对地绝缘电阻小于1000MΩ时，应测量末屏对地的$\tan\delta$，试验电压2kV，1000kV套管不大于0.01；其他不大于0.02。

（2）20℃时的$\tan\delta$（％）值：

1）对于油纸电容型套管：1000kV套管不应大于0.006；550kV及以上不大于0.007；252～363kV套管不大于0.008；72.5～126kV套管不大于0.01。

2）对于聚四氟氯乙烯套管：不大于0.005。

（3）试验时，一般不低于10℃，且不进行温度换算，当$\tan\delta$与出厂值或上一次测试值比较有明显增长或接近要求值时，应综合分析$\tan\delta$与温度、电压的关系，当$\tan\delta$随温度增加明显增大或试验电压由10kV升到$U_m/\sqrt{3}$时，$\tan\delta$增量超过±0.3％，不应继续运行。

（4）电容量值与出厂值或初值的差别1000kV不超过±0.01，其他不超过±0.015（警示值）。

3. 注意事项

（1）测量时，末屏小套管一定要擦拭干净，非被试套管的末屏一定要良好接地。

（2）当相对湿度较大时，可采用电吹风吹干瓷套表面后测量。

（3）高压引线应尽量远离套管中部法兰，以免杂散电容影响测量结果。

（4）试验结束后，应检查套管末屏是否可靠接地。

六、有载调压开关试验

1. 试验方法

将高压与中压短接并与黄、绿、红线夹接共同在一起，黑线夹接中性点，低压绕组短接接地（灵敏度选择6）分别测试单到双或双到单的波形。测量出每个图形的切换时间、断流时间和桥接时间，如图1-8和图1-9所示。

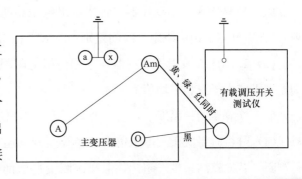

图1-8 测试接线图

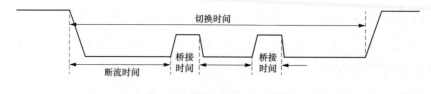

图 1-9　调压开关动作波形图

2. 判断标准：【国网（运检/3）829-2017 国家电网公司变电检测管理规定：附录 A.1】

（1）三相切换不同期一般不大于 5ms。

（2）如果波形中出现过零点且持续 2ms 以上时，应查看此点的电阻值，如果电阻值超过 40Ω，则有可能存在接触不良或松动。

（3）过渡电阻值与铭牌比较不大于±10%。

3. 注意事项

（1）如果出现桥前时间过长，切换时间明显变慢，则可能是快速机构储能弹簧老化。

（2）对于三相变压器，过渡电阻在断流时间内选择较为平直处进行计算，所测试的过渡电阻为调前位置（单或双）的电阻值。对于 500kV 及以上自耦变压器，由于电流为三相电流的和，而且内部过渡电阻为多组的并联，所以一般不采用该方法测试，只有在解体检查时才进行此项目测试。

（3）500kV 自耦变压器的过渡电阻较小，所以曲线不明显，测试时应将黄绿红三条线同时施加在高中压上，并将测试电流设为 1A。

七、绕组直流电阻试验

1. 试验方法

将所有绕组上的短接细铁线拆除，分别测试 M-O（有载 0-10 分接、无载为当前使用分接）、H-M、L-L。

2. 判断标准：【国网（运检/3）829-2017 国家电网公司变电检测管理规定：附录 A.1】

（1）1.6MVA 以上变压器，各相绕组电阻相间的差别不大于三相平均值的 2%（警示值）。无中性点引出的绕组，线间差别不应大于三相平均值的 1%。

（2）1.6MVA 及以下变压器，各相绕组电阻相间的差别不大于三相平均值的 4%，线间差别不应大于三相平均值的 2%。

（3）换算至同一温度下，各相绕组初值差不超过±2%（警示值）。

（4）分析时每次所测电阻值都应换算至同一温度下进行比较，有标准值的按标准值进行判断，若比较结果虽未超标，但每次测量数值都有所增加，这种情况也须引起注意；在设备未明确规定最低值的情况下，将结果与有关数据比较，包括同一设备的各相数据，同类设备间的数据，出厂试验数据，经受不良工况前后，与历次同温度下的数据比较等，结合其他试验综合判断。

3. 注意事项

（1）测试电流不宜大于20A，铁芯的磁化极性应保持一致。

（2）在扣除原始差异后，同一温度下各绕组电阻的相间差别和线间差别不大于2%（警示值）。

（3）测量一侧绕组直阻时，其他绕组严禁短路。

（4）无载分接开关变压器一般只测试使用分接绕组电阻，如果进行其他分接电阻测试，更换分接前进行充分放电。回复至使用分接应重新测试其绕组电阻和变比。

（5）相同部位测得值与出厂值在相同温度下比较，变化不应大于2%。按下式换算到同一温度：

$$R_2 = R_1 \times \frac{T+t_2}{T+t_1} \tag{1-2}$$

式中　R_1、R_2——在温度 t_1、t_2 下的电阻值；

　　　　T——电阻温度常数，铜导线取235，铝导线取225。

（6）三相电阻不平衡率计算；计算各相相互间差别应先将测量值换算成相电阻，计算线间差别则以各线间数据计算，即

不平衡率＝（三相中实测最大值-最小值）×100%/三相算术平均值

当绕组为星形接线时：

$$R_a = (R_{ab} + R_{ac} - R_{bc})/2$$
$$R_b = (R_{ab} + R_{bc} - R_{ac})/2$$
$$R_c = (R_{bc} + R_{ac} - R_{ab})/2$$

当绕组为三角形接线（a-y，b-z，c-x）时：

$$R_a = (R_{ac} - R_p) - R_{ab}R_{bc}/(R_{ac} - R_p)$$
$$R_b = (R_{ab} - R_p) - R_{ac}R_{bc}/(R_{ab} - R_p)$$
$$R_c = (R_{bc} - R_p) - R_{ab}R_{ac}/(R_{bc} - R_p)$$
$$其中 R_p = (R_{ab} + R_{bc} + R_{ac})/2$$

以上各式中 R_a、R_b、R_c 为各相的相电阻；R_{ab}、R_{bc}、R_{ac} 为各相的线电阻。

（7）测试完毕后，应进行消磁，高压直流消磁，低压交流测剩磁；最大消磁电流不小于5A，剩磁测试时，低压侧为10kV的变压器采用200V，低压侧在35kV及以上的变压器采用400V。剩磁检测应对比空载电流上升阶段和下降阶段的差异，电压、电流曲线差异系数不应大于1.035。

八、直流泄漏电流试验

1. 试验方法

被试绕组短接接直流高压发生器的负极高压，非被试绕组全部短接接地。

2. 判断标准：【国网（运检/3）829-2017 国家电网公司变电检测管理规定：附录 A.1】

试验电压如表 1-4 所示。

表 1-4　　　　　　　　　　　　　**试 验 电 压**

电压等级（kV）	3	6～10	35	66～220	500 及以上
试验电压（kV）	5	10	20	40	60

加压 60s 时的泄漏电流与初始值没有明显增加，与同型号设备比较没有明显变化。

不同温度时的绕组泄漏电流值如表 1-5 所示。

表 1-5　　　　　　　　　　　　**不同温度时的绕组泄漏电流值**

温度（℃）	10	20	30	40	50	60	70	80
电流（μA）	33	50	74	111	167	250	400	570

3. 注意事项

（1）试验结束后，应充分放电，再拆除高压试验线。

（2）由泄漏电流换算成的绝缘电阻值应与绝缘电阻表所测值相近（在相同温度下）。

（3）电流值来回摆动，可能有交流分量通过微安表。若无法读数，则应检查微安表的保护回路或加大滤波电容，必要时改变滤波方式。

（4）电流周期性摆动，可能是由于回路存在反充电所致，或者是被试设备绝缘不良，产生周期性放电。

（5）电流突然减小，可能是电源回路引起；突然增大，可能是试验回路或被试品出现闪络，或内部间歇性放电引起的。

（6）电流值随时间变化，若逐渐下降，可能是充电电流减小或被试品表面绝缘电阻上升引起的；若逐渐上升，则可能是被试品绝缘老化引起的。

（7）指针反指，可能是由于被试设备经测压电阻放电所致。

（8）若泄漏电流过大，应检查试验回路各设备状况和屏蔽是否良好，在排除外因之后，才能作出正确结论。

（9）泄漏电流过小，应检查接线是否正确，微安表保护部分有无分流与断线。

九、绕组变比试验

1. 试验方法

H-M：将高压测试线的黄色线夹接高压端子，黑色线夹接中性点端子。将低压测试线的黄色线夹接中压端子，黑色线夹接中性点端子。

H-L：将高压测试线的黄色线夹接高压端子，黑色线夹接中性点端子。将低压测试线的黄色和黑色线夹分别接低压的两个接线端子。

M-L：将分接头置于额定位置（有载为9b分接，无载为3分接），将高压测试线的黄色线夹接中压端子，黑色线夹接中性点端子；将低压测试线的黄色和黑色线夹分别接低压的两个接线端子。

选定单相测试，输入额定变压比，在各分接头上测出高压对中压的变比误差，也可以根据公式计算出结果：相邻两分接变比差值/额定变比×100%。

2. 判断标准：【国网（运检/3）829-2017国家电网公司变电检测管理规定：附录A.1】高压对中压的变比误差不超过±0.5%，其他分接的偏差≤±1.0%。

3. 注意事项

（1）高压测试线（红色）和低压测试线（黑色）不能接反。

（2）注意选择单相测试。

十、接线组别试验

1. 试验方法

（1）由于高压对中压为自耦变压器，所有单相为Ia0，三相为Yna0，不需要测试；

（2）双电压表法测试中压对低压的接线组别：

将中压侧A_m相与低压侧a相短接，在变压器A_m、B_m、C_m三相间同时输入适当的低压使$U_{A_mB_m}=U_{B_mC_m}=U_{C_mA_m}=U_1$，如图1-10所示，并测量$U_{ab}$、$U_{bc}$、$U_{ca}$的电压，此时应该$U_{ab}=U_{bc}=U_{ca}=U_2$。

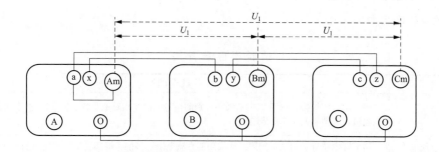

图1-10　双电压表法接线方法

按式（1-3）根据变压器中压与低压的额定变比（K）进行计算：

$$P = U_2 \times \sqrt{1+K^2} \tag{1-3}$$

2. 判断标准

根据表1-6对应比较，判断变压器的接线组别。

表 1-6 变压器接线组别的判断

组别	方法一	方法二		
	U_{Bmb}、U_{Cmb}、U_{Bmc} 的关系	U_{Bmb}	U_{Cmb}	U_{Bmc}
0	$U_{Bmc}=U_{Cmb}>U_{Bmb}$	$<P$	$<P$	$<P$
1	$U_{Bmc}>U_{Bmb}=U_{Cmb}$	$<P$	$<P$	$=P$
2	$U_{Bmc}>U_{Bmb}>U_{Cmb}$（国产变压器少见）	$<P$	$<P$	$>P$
3		$=P$	$<P$	$>P$
4		$>P$	$<P$	$>P$
5	$U_{Bmc}=U_{Bmb}>U_{Cmb}$	$>P$	$=P$	$>P$
6	$U_{Bmb}>U_{Bmc}=U_{Cmb}$	$>P$	$>P$	$>P$
7	$U_{Bmb}=U_{Cmb}>U_{Bmc}$	$>P$	$>P$	$=P$
8	$U_{Cmb}>U_{Bmb}>U_{Bmc}$（国产变压器少见）	$>P$	$>P$	$<P$
9		$=P$	$>P$	$<P$
10		$<P$	$>P$	$<P$
11	$U_{Cmb}>U_{Bmc}=U_{Bmb}$	$<P$	$=P$	$<P$

熟记常用组别：

（1）$U_{Bmc}=U_{Cmb}>U_{Bmb}$，且全部小于 P，是 0 组。

（2）$U_{Bmb}=U_{Bmc}<P$，$U_{Cmb}>P$，是 11 组（当变比很大时，U_{Cmb} 与 P 的差别很小，现场表计不能反映其差别）。

（3）由于现场所施加的电压较低，低压测的低压电压表变化有的不太明显，所以建议用方法一进行。

3．注意事项

采用三相调压器，同时加压。

十一、套管内 TA 试验

1．试验项目及方法（见表 1-7）

表 1-7 试 验 项 目 及 方 法

项目	试验方法
绝缘电阻	将二次线圈短接，选用 2500V 挡，分别测出各二次线圈对地及各二次线圈之间 1min 的绝缘电阻值，一般不低于 1000MΩ
保护圈的直流电阻	用单臂电桥分别测试保护用二次线圈的直流电阻，多抽头线圈测试当前使用抽头或最大抽头
各二次线圈电流比	套管式 TA 变比测试

续表

项目	试验方法
TA 的极性	（1）将指针万用表调至直流电流的最小挡位，正极和负极分别接 TA 二次圈的 S1 和 S2（或 S3）。 （2）用电池（或绝缘电阻表）的正极接 TA 一次线圈的 L1，负极点 L2。 （3）如果万用表指针正起，则为减极性或同极性，反之为加极性或反极性
保护圈伏安特性	TA 伏安特性测试仪采用外接电源方法，选择电压为 2000V，测试保护用二次线圈，多抽头线圈测试使用抽头或最大抽头。 套管式 TA 伏安特性试验

2. 判断标准：【国网（运检/3）829-2017 国家电网公司变电检测管理规定：附录 A.6】

（1）二次线圈间及对地的绝缘电阻不低于 1000MΩ。

（2）线圈直流电阻和三相平均值的差异不宜大于 10%。

（3）变比、极性和伏安特性应符合要求。

3. 注意事项

（1）测量互感器变比、极性时，要求使用铁棍用力与 TA 的金属底盘连接，使铁棍与 TA 外壳形成一个临时的一次绕组。

（2）伏安特性测试时，非被试二次线圈要求在开路状态。伏安特性测试应在曲线拐点附近至少测量 5～6 个点；对于拐点电压较高的绕组，现场试验电压不大于 2kV。

（3）当电流互感器为多抽头时，可在使用抽头或最大抽头测量，其余二次绕组应开路。

（4）在试验前，应对其试验二次绕组进行退磁；其方法应按制造单位在标牌上标注的或技术文件中规定的进行。若制造单位未做规定，现场一般采用开路退磁法。

第二章

1000kV变压器

1000kV 特高压变压器外形示意如图 2-1 所示，1000kV 特高压变压器接线图如图 2-2 所示。

图 2-1　1000kV 特高压变压器外形示意图

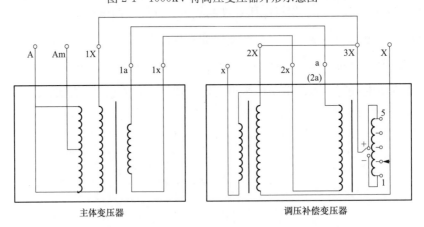

主体变压器　　　　　　　　　　调压补偿变压器

图 2-2　1000kV 特高压变压器接线图

一、绕组变形试验

1. 试验方法

（1）主体变压器试验方法。

主体变压器串联绕组由中压 Am 激励、高压 A 响应，非被试绕组悬空。

主体变压器公共绕组由中性点 1X 激励、中压 Am，非被试绕组悬空。

本体变压器低压绕组由 1x 激励、1a 响应，非被试绕组悬空。

（2）调压补偿变压器试验方法。

频响法测绕组变形时，被试设备应处于最大分接绕组的位置（通常为：1分接）。

调压变压器调压绕组由 X 激励、3X 响应，非被试绕组悬空。

调压变压器励磁绕组由 2x 激励、2a 响应，非被试绕组悬空。

补偿变压器补偿绕组由 x 激励、2x 响应，非被试绕组悬空。

补偿变压器励磁绕组由 X 激励、2X 响应，非被试绕组悬空。

2. 判断标准：【国家电网公司变电检测通用管理规定 第 27 分册：绕组频率响应分析细则】绕组变形程度判断如表 2-1 所示。

表 2-1　　　　　　　　　　　　绕 组 变 形 程 度 判 断

变形程度	相关系数
严重变形（不能投运）	$R_{LF}<0.6$
明显变形（安排检修）	$0.6\leq R_{LF}<1.0$ 或 $R_{MF}<0.6$
轻度变形（加强监测）	$1.0\leq R_{LF}<2.0$ 或 $0.6\leq R_{MF}<1.0$ 或 $R_{HF}<0.6$
正常	$R_{LF}\geq2$ 且 $R_{MF}\geq1.0$ 且 $R_{HF}\geq0.6$

注　R_{LF} 为曲线在低频段（1～100kHz）内的相关系数；R_{MF} 为曲线在中频段（100～600kHz）内的相关系数；R_{HF} 为曲线在高频段（600～1000kHz）内的相关系数。

（1）当曲线低频段的波峰或波谷发生明显变化，绕组电感可能改变，可能存在匝间或饼间短路情况。

（2）当曲线中频段的波峰或波谷发生明显变化，绕组可能发生扭曲或鼓包等局部变形现象。

（3）当曲线高频段的波峰或波谷发生明显变化，绕组的对地电容可能改变，可能存在线圈整体位移等情况。

3. 注意事项

（1）试验前，对变压器进行充分放电，铁芯、夹件、测试仪器与变压器外壳必须可靠接地。

（2）测试前应断开待试设备套管端子的所有连接线，并使引线远离套管，以免杂散电容影响。

（3）比较三相频响曲线，如果三相曲线存在差异，应检查接线方式是否正确，接地线接地是否良好。

（4）保持试验线不与阻抗盒接触，接地线不与套管将军帽金属部位接触。

二、低压短路阻抗试验

1. 试验方法

阻抗电压（％）定义：二次侧短路，一次侧（或二次侧）电流达到额定电流值时，一次侧电压与一次侧额定电压之比（即短路阻抗与该分接位置的额度电抗的比值）。

记录的变压器参数包括：短路阻抗 Z_k、短路电抗 X_k、漏电感 L_k、阻抗电压（％）。首次测试应测试使用分接位的短路阻抗值 Z_{ke}。

额定阻抗为 $Z_e = U_e^2/S_e$（Ω），短路阻抗值 Z_k 占 Z_e 的百分数为 H-L 的阻抗电压（％）。

（1）主体变压器试验方法：

H-L：A-1X 加压、1a-1x 短接，非被试绕组悬空。

H-M：A-1X 加压、Am-1X 短接，非被试绕组悬空。

M-L：Am-1X 加压、1a-1x 短接，非被试绕组悬空。

（2）调压补偿变压器试验方法：

补偿绕组：2X-X 加压、2x-x 短接，非被试绕组悬空。

调压绕组：2a-2x 加压、3X-X 短接，非被试绕组悬空（分别测量 1、9 两个分接）。

2. 判断标准：【国家电网公司变电检测通用管理规定 第 26 分册：短路阻抗测试细则】

（1）1000kV 变压器初值差不超过±3％；容量 100MVA 以上或 220kV 以上的变压器初值差不超过±1.6％；容量 100MVA 及以下且 220kV 以下的变压器初值差不超过±2％。

（2）容量 100MVA 以上或 220kV 以上的变压器三相之间的最大相对互差不应大于 2％；容量 100MVA 及以下且 220kV 以下的变压器三相之间的最大相对互差不应大于 2.5％。

3. 注意事项

（1）应在最大分接、额定分接及最小分接进行测试。

（2）应在相同电流下进行测试。

（3）试验电流可用额定电流，亦可低于额定电流，但不宜小于 5A。

调压补偿变压器原理如图 2-3 所示。2a-2x 对 3X-X 为调压变压器励磁绕组，2X-X 对 2X-X 低压补偿器励磁绕组。

三、绝缘电阻、吸收比 K_m 和极化指数 PI 试验

1. 试验方法

（1）本体变压器接线方法（如表 2-2 所示）。

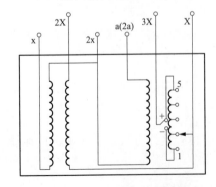

图 2-3 调压补偿变压器原理图

表 2-2　　　　　　　　　　　　　　本体变压器接线方法

测试项目	绝缘电阻表接线方式（5000V）		
	－ （L）	＋ （E）	G
L-H、M、地	1a-1x	A-Am-1X、地	—
H、M-L、地	A-Am-1X	1a-1x、地	—
H、M、L－地	A-Am-1X、1a-1x	地	—
铁芯－夹件及地	铁芯	夹件、地	—
夹件－铁芯及地	夹件	铁芯、地	—
铁芯对夹件	铁芯	夹件	—

（2）调压补偿变压器接线方法（如表 2-3 所示）。调压补偿变压器为双铁芯、双夹件结构。因此，在测量其中一组铁芯对夹件及地的绝缘电阻时，另一组铁芯及夹件必须保证可靠接地。

表 2-3　　　　　　　　　　　　　　调压补偿变压器接线方法

测试项目	绝缘电阻表接线方式（5000V）		
	－ （L）	＋ （E）	G
L-H、M、地	2a-2x-x	2X-X-3X、地	—
H、M-L、地	2X-X-3X	2a-2x-x、地	—
H、M、L－地	2X-X-3X、2a-2x-x	地	—
铁芯－夹件及地	铁芯	夹件、地	—
夹件－铁芯及地	夹件	铁芯、地	—
铁芯对夹件	铁芯	夹件	—

2. 判断标准：【国网（运检/3）829-2017 国家电网公司变电检测管理规定：附录 A.1】

（1）绕组绝缘电阻：10～30℃下测得的吸收比 K_m 不低于 1.3 或极化指数 PI 不低于 1.5 或绝缘电阻大于 10000MΩ。

（2）铁芯、夹件绝缘电阻：750kV 及以下变压器≥100MΩ（新投运不小于 1000MΩ）。

3. 注意事项

（1）拆除或断开变压器对外的一切连线，将被试品接地进行充分放电。

（2）绕组绝缘电阻选取 5000V 测试挡，将测试时间调为 10min。分别记录 15s、60s、10min 的绝缘电阻，并计算吸收比 K_m（R_{60s}/R_{15s}）和极化指数 PI（R_{10min}/R_{60s}）。

（3）铁芯、夹件绝缘电阻采用 2500V 绝缘电阻表（老旧变压器采用 1000V 绝缘电阻表）。

（4）在阴雨潮湿的天气及环境湿度太大时，应加屏蔽线，屏蔽线应接近"－"极端，采用软铜线围绕套管 2～3 圈勒紧。

（5）绕组绝缘电阻换算至同一温度下，变化应小于 30%，低于 50℃时测量，不同温度下的绝缘电阻值一般按下式换算：$R_2 = R_1 \times 1.5^{(t_1-t_2)/10}$，式中：$R_1$、$R_2$ 为温度 t_1、t_2 时的绝缘电阻值。

（6）吸收比 K_m 和极化指数 PI 不做温度换算。

（7）重复测量及更换接线测量时，短路接地放电时间不低于 10min。

四、绕组介损试验

1. 试验方法

（1）本体变压器接线方法（如表 2-4 所示）。

表 2-4　　　　　　　　　　　　　　　本体变压器接线方法

测试项目		试验接线			备注
		高压试验线	接地	接线方式	
L-H、M、G		1a-1x	A-Am-1X	反接线（10kV）	C_1
H、M-L、G		A-Am-1X	1a-1x	反接线（10kV）	C_2
H、M、L-G		A-Am-1X、1a-1x	—	反接线（10kV）	C_3
电容量分解计算	H、M-G	$C_{H,M-G}=(C_2+C_3-C_1)/2$			绕组变形分析
	L-G	$C_{L-G}=(C_1+C_3-C_2)/2$			
	L-H、M	$C_{L-H,M}=(C_1+C_2-C_3)/2$			

（2）调压补偿变压器接线方法（如表 2-5 所示）。

表 2-5　　　　　　　　　　　　　　调压补偿变压器接线方法

测试项目		试验接线			备注
		高压试验线	接地	接线方式	
L-X、G		2a-2x-x	2X-X-3X	反接线（10kV）	C_4
X-L、G		2X-X-3X	2a-2x-x	反接线（10kV）	C_5
X、L-G		2X-X-3X、2a-2x-x	—	反接线（10kV）	C_6
电容量分解计算	L-G	$C_{L-G}=(C_4+C_6-C_5)/2$			绕组变形分析
	X-G	$C_{X-G}=(C_5+C_6-C_4)/2$			
	L-X	$C_{L-X}=(C_4+C_5-C_6)/2$			

2. 判断标准：【国网（运检/3）829-2017 国家电网公司变电检测管理规定：附录 A.1】

（1）$\tan\delta$ 值与历年的数值比较不应有显著变化（一般不大于 30%）。

（2）20℃时的介损因数：

330kV 及以上，$\tan\delta$ 不大于 0.005（注意值）；

66～220kV，$\tan\delta$ 不大于 0.008（注意值）；

35kV 及以下，$\tan\delta$ 不大于 0.015（注意值）。

（3）电容量初值差不大于±3%。

（4）根据各分解电容量的变化来推测各绕组之间的径向距离是否发生变化，来判断发生变形的绕组：分解电容量初值差不大于±3%，且与以前数值比较不应有显著变化。

3. 注意事项

（1）将测量绕组各相短接，非测量绕组各相短接接地。

（2）在油温低于50℃时，不同温度下的 $\tan\delta$ 值一般可按下式换算：

$$\tan\delta_2 = \tan\delta_1 \times 1.3^{(t_2-t_1)/10} \tag{2-1}$$

式中 $\tan\delta_1$、$\tan\delta_2$——t_1、t_2 时的 $\tan\delta$ 值。

（3）电容量值与出厂值或初值的差别超出±3%（注意值）时，应查明原因。

五、电容型套管的绝缘电阻、$\tan\delta$ 和电容值（正接线、10kV）试验

1. 试验方法

（1）套管主绝缘电阻：负极（L）接高压端，正极（E）接套管末屏。

末屏对地绝缘电阻（2500V）：负极（L）接末屏，正极（E）接地。

（2）套管的介损和电容量：将高中压、中性点短接接高压试验线，低压绕组短接接地，被试套管的末屏接电桥的测量（Cx）线，正接线测量，加压10kV。

末屏对地的介损、电容量：被试套管的末屏接电桥的高压试验线（H），将高中压、中性点短接接 Cx 线（Cx 线作为低压屏蔽线），反接线低压屏蔽测量，加压2kV。

2. 判断标准：【国网（运检/3）829-2017 国家电网公司变电检测管理规定：附录A.13】

（1）主绝缘电阻：≥10000MΩ（注意值），末屏绝缘电阻：≥1000MΩ（注意值）。当电容型套管末屏对地绝缘电阻小于1000MΩ时，应测量末屏对地的 $\tan\delta$，试验电压2kV，1000kV套管不大于0.01；其他不大于0.02。

（2）20℃时的 $\tan\delta$（%）值：

1）对于油纸电容型套管：1000kV套管不应大于0.006；550kV及以上不大于0.007；252~363kV套管不大于0.008；72.5~126kV套管不大于0.01。

2）对于聚四氟氯乙烯套管：不大于0.005。

（3）试验时，一般不低于10℃，且不进行温度换算，当 $\tan\delta$ 与出厂值或上一次测试值比较有明显增长或接近要求值时，应综合分析 $\tan\delta$ 与温度、电压的关系，当 $\tan\delta$ 随温度增加明显增大或试验电压由10kV升到 $U_m/\sqrt{3}$ 时，$\tan\delta$ 增量超过±0.3%，不应继续运行。

（4）电容量值与出厂值或初值的差别1000kV不超过±0.01，其他不超过±0.015（警示值）。

3. 注意事项

（1）测量时，末屏小套管一定要擦拭干净，非被试套管的末屏一定要良好接地。

（2）当相对湿度较大时，可采用电吹风吹干瓷套表面后测量。

（3）高压引线应尽量远离套管中部法兰，以免杂散电容影响测量结果。

（4）试验结束后，应检查套管末屏是否可靠接地。

六、绕组直流电阻试验

1. 试验方法

将所有绕组上的短接细铁线拆除。

分别测试本体变压器绕组：A-Am、Am-1X、1a-1x，以及调压补偿变压器绕组：3X-X
(1-9 分接)、2a-2x、2x-x、2X-X。

2. 判断标准：【国网（运检/3）829-2017 国家电网公司变电检测管理规定：附录 A.1】

（1）1.6MVA 以上变压器，各相绕组电阻相间的差别不大于三相平均值的 2%（警示
值）。无中性点引出的绕组，线间差别不应大于三相平均值的 1%。

（2）1.6MVA 及以下变压器，各相绕组电阻相间的差别不大于三相平均值的 4%，线
间差别不应大于三相平均值的 2%。

（3）换算至同一温度下，各相绕组初值差不超过±2%（警示值）。

（4）分析时每次所测电阻值都应换算至同一温度下进行比较，有标准值的按标准值进
行判断，若比较结果虽未超标，但每次测量数值都有所增加，这种情况也须引起注意；在
设备未明确规定最低值的情况下，将结果与有关数据比较，包括同一设备的各相数据，同
类设备间的数据，出厂试验数据，经受不良工况前后，与历次同温度下的数据比较等，结
合其他试验综合判断。

3. 注意事项

（1）测试电流不宜大于 20A，铁芯的磁化极性应保持一致。

（2）在扣除原始差异后，同一温度下各绕组电阻的相间差别和线间差别不大于 2%（警
示值）。

（3）测量一侧绕组直阻时，其他绕组严禁短路。

（4）无载分接开关变压器一般只测试使用分接绕组电阻，如果进行其他分接电阻测试，
更换分接前进行充分放电。回复至使用分接应重新测试其绕组电阻和变比。

（5）相同部位测得值与出厂值在相同温度下比较，变化不应大于 2%。按下式换算到同
一温度：

$$R_2 = R_1 \times \frac{T + t_2}{T + t_1} \tag{2-2}$$

式中 R_1、R_2——在温度 t_1、t_2 下的电阻值；

T——电阻温度常数，铜导线取 235，铝导线取 225。

（6）三相电阻不平衡率计算。计算各相相互间差别应先将测量值换算成相电阻，计算
线间差别则以各线间数据计算，即

不平衡率＝(三相中实测最大值-最小值)×100％/三相算术平均值

当绕组为星形接线时：

$$R_{a} = (R_{ab} + R_{ac} - R_{bc})/2$$

$$R_{b} = (R_{ab} + R_{bc} - R_{ac})/2$$

$$R_{c} = (R_{bc} + R_{ac} - R_{ab})/2$$

当绕组为三角形接线（a-y，b-z，c-x）时：

$$R_{a} = (R_{ac} - R_{p}) - R_{ab}R_{bc}/(R_{ac} - R_{p})$$

$$R_{b} = (R_{ab} - R_{p}) - R_{ac}R_{bc}/(R_{ab} - R_{p})$$

$$R_{c} = (R_{bc} - R_{p}) - R_{ab}R_{ac}/(R_{bc} - R_{p})$$

$$其中 R_{p} = (R_{ab} + R_{bc} + R_{ac})/2$$

以上各式中 R_{a}、R_{b}、R_{c} 为各相的相电阻；R_{ab}、R_{bc}、R_{ac} 为各相的线电阻。

（7）绕组直流电阻消磁。高压消磁（直流消磁），低压验证（交流验证）。

绕组直阻测试完毕后，应进行消磁。由高压绕组进行直流消磁，低压绕组交流测剩磁；最大消磁电流不小于5A，剩磁测试时低压侧10kV变压器采用200V，低压侧35kV及以上变压器采用400V。剩磁检测应对比空载电流上升阶段和下降阶段的差异，电压、电流曲线差异系数不应大于1.035。

七、绕组变比试验

1. 试验方法

（1）整体变压器试验方法。

H-M：将高压测试线的黄色线夹接高压 A 端子，黑色线夹接中性点 X 端子。将低压测试线的黄色线夹接中压 Am 端子，黑色线夹接中性点 X 端子。应分别测试 1-9 分接。

M-L：将高压测试线的黄色线夹接中压 Am 端子，黑色线夹接中性点 X 端子；将低压测试线的黄色和黑色线夹分别接低压的 a 和 x 两个接线端子。应分别测试 1-9 分接。

选定单相测试，输入额定变压比，在各分接头上测出高压对中压的变比误差，也可以根据公式计算出结果：相邻两分接变比差值/额定变比×100％。

（2）本体变压器试验方法。

H-M：将高压测试线的黄色线夹接高压 A 端子，黑色线夹接中性点 1X 端子。将低压测试线的黄色线夹接中压 Am 端子，黑色线夹接中性点 1X 端子。

M-L：将高压测试线的黄色线夹接中压 Am 端子，黑色线夹接中性点 1X 端子；将低压测试线的黄色和黑色线夹分别接低压的 1a 和 1x 两个接线端子。

选定单相测试，输入额定变压比，在各分接头上测出高压对中压的变比误差，也可以根据公式计算出结果：相邻两分接变比差值/额定变比×100％。

（3）调压补偿变压器试验方法。

调压绕组：将高压测试线的黄色线夹接 2a 端子，黑色线夹接 2x 端子。将低压测试线的黄色线夹接 3X 端子，黑色线夹接 X 端子。应分别测试 1-9 分接。

补偿绕组：将高压测试线的黄色线夹接 2X 端子，黑色线夹接中性点 X 端子；将低压测试线的黄色和黑色线夹分别接低压的 2x 和 x 两个接线端子。

测试时应注意匝比的方向：其中 2X-X 对 2x-x 测试时以 2X-X 为高压侧；2a-2x 对 3X-X 测试时以 2a-2x 为高压侧。切记不能接反，否则会烧损仪器。调压分接在 3X-X 绕组上，因此测试 2a-2x 对 3X-X 变比需要测试 1-9 分接，其中 5 分接为转换极性分接，没有变比数据。

2. 判断标准：【国网（运检/3）829-2017 国家电网公司变电检测管理规定：附录 A.1】高压对中压的变比误差不超过±0.5％，其他分接的偏差≤±1.0％。

3. 注意事项

（1）高压测试线（红色）和低压测试线（黑色）不能接反。

（2）注意选择单相测试。

八、直流泄漏电流试验

1. 试验方法

被试绕组短接接直流高压发生器的负极高压，非被试绕组全部短接接地。

2. 判断标准：【国网（运检/3）829-2017 国家电网公司变电检测管理规定：附录 A.1】试验电压如表 2-6 所示。

表 2-6　　　　　　　　　　　　试 验 电 压

电压等级（kV）	3	6～10	35	66～220	500 及以上
试验电压（kV）	5	10	20	40	60

加压 60s 时的泄漏电流与初始值没有明显增加，与同型号设备比较没有明显变化。

不同温度时的绕组泄漏电流值如表 2-7 所示。

表 2-7　　　　　　　　不同温度时的绕组泄漏电流值

温度（℃）	10	20	30	40	50	60	70	80
电流（μA）	33	50	74	111	167	250	400	570

3. 注意事项

（1）试验结束后，应充分放电，再拆除高压试验线。

（2）由泄漏电流换算成的绝缘电阻值应与绝缘电阻表所测值相近（在相同温度下）。

（3）电流值来回摆动，可能有交流分量通过微安表。若无法读数，则应检查微安表的保护回路或加大滤波电容，必要时改变滤波方式。

（4）电流周期性摆动，可能是由于回路存在反充电所致，或者是被试设备绝缘不良，产生周期性放电。

（5）电流突然减小，可能是电源回路引起；突然增大，可能是试验回路或被试品出现闪络，或内部间歇性放电引起的。

（6）电流值随时间变化，若逐渐下降，可能是充电电流减小或被试品表面绝缘电阻上升引起的；若逐渐上升，则可能是被试品绝缘老化引起的。

（7）指针反指，可能是由于被试设备经测压电阻放电所致。

（8）若泄漏电流过大，应检查试验回路各设备状况和屏蔽是否良好，在排除外因之后，才能作出正确结论。

（9）泄漏电流过小，应检查接线是否正确，微安表保护部分有无分流与断线。

（10）注意测试线角度。因为本体变压器与调压补偿变压器之间空间较为狭小，应尽量避免将直流高压发生器放置在本体变压器与调压补偿变压器之间，防止角度对泄漏电流造成影响。

第三章

三 相 变 压 器

一、绕组绝缘电阻、吸收比 K_m、极化指数 PI 试验

1. 试验方法

试验接线方式如表 3-1 所示。

表 3-1   试 验 接 线 方 式

测试项目	绝缘电阻表接线方式（2500V）	
	－（L）	＋（E）
L-H、地	L、O	H、地
H-L、地	H	L、O、地

2. 判断标准：【国网（运检/3）829-2017 国家电网公司变电检测管理规定：附录 A.1】

（1）绝缘电阻换算至同一温度下，与初值相比无显著下降。

（2）吸收比 $K_m \geqslant 1.3$ 或极化指数 $PI \geqslant 1.5$ 或绝缘电阻 $\geqslant 10000$ MΩ。

3. 注意事项

（1）拆除或断开变压器对外的一切连线，将被试品接地进行充分放电。

（2）在阴雨潮湿的天气及环境湿度太大时，应加屏蔽线，屏蔽线应接近"－"极端，采用软铜线围绕套管 2～3 圈勒紧。

（3）绝缘电阻换算至同一温度下，变化应小于 30％，低于 50℃时测量，不同温度下的绝缘电阻值一般按式（3-1）换算：

$$R_2 = R_1 \times 1.5^{(t_1-t_2)/10} \tag{3-1}$$

式中 R_1、R_2——温度 t_1、t_2 时的绝缘电阻值。

（4）重复测量及更换接线测量时，短路接地放电时间不低于 2min。

二、绕组介损试验

1. 试验方法

试验接线方法如表 3-2 所示。

表 3-2 试 验 接 线 方 法

测试项目	试验接线			
	高压试验线	Cx 线	接地	接线方式
H-L、地	H	—	L、O	反接线（10kV）

2. 判断标准：【国网（运检/3）829-2017 国家电网公司变电检测管理规定：附录 A.1】

（1）20℃时的介质损耗因数：66～110kV，≤0.008（注意值）；35kV 及以下，≤0.015（注意值）。

（2）绕组电容量：与上次试验结果相比无明显变化（一般不大于 30%），初值差一般不超过±3%（注意值）。

3. 注意事项

（1）在油温低于 50℃时，不同温度下的 $\tan\delta$ 值一般可按式（3-2）换算：

$$\tan\delta_2 = \tan\delta_1 \times 1.3^{(t_2-t_1)/10} \tag{3-2}$$

式中 $\tan\delta_1$、$\tan\delta_2$——t_1、t_2 时的 $\tan\delta$ 值。

（2）当环境条件不好时，应将高压套管用吹风机吹干，或采用屏蔽法测试：用细软铜线围绕三相高压套管紧密缠绕 2～3 圈，然后短接接电桥高压屏蔽线。

三、有载调压开关试验

1. 试验方法

（1）Y，yn0 型站用变压器：将黄、绿色线夹分别接高压 A、B 相，黑色线夹接 C 相，低压绕组短接接地，分别测试 A、B 相单到双或双到单的波形；然后将 A、B 短接接黑色线夹，C 相接红色线夹，测量出 C 相的波形，计算每个图形的切换时间、断流时间和桥接时间，如图 3-1 和图 3-2 所示。

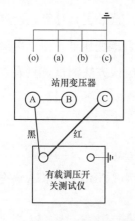

图 3-1　Y，yn 型站用变压器
试验接线（以 C 相为例）

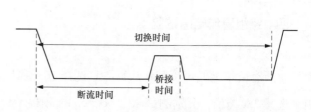

图 3-2　分接开关动作波形图

（2）D，yn11 型站用变压器试验接线如图 3-3 所示，测试接线方法如表 3-3 所示。

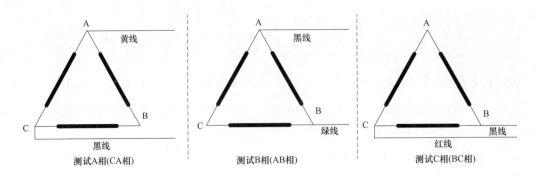

测试A相(CA相)　　　测试B相(AB相)　　　测试C相(BC相)

图 3-3　D，yn 型站用变压器试验接线

表 3-3　　　　　　　　　　　　　　测 试 接 线 方 法

测量相别	试验接线方法
A 相	黄线接 A 相，黑线接 C 相
B 相	绿线接 B 相，黑线接 A 相
C 相	红线接 C 相，黑线接 B 相

2．判断标准：【国网（运检/3）829-2017 国家电网公司变电检测管理规定：附录 A.1】

（1）三相切换不同期一般不大于 5ms。

（2）如果波形中出现过零点且持续 2ms 以上时，应查看此点的电阻值，如果电阻值超过 40Ω，则有可能存在接触不良或松动。

（3）过渡电阻值与铭牌比较不大于±10％。

3．注意事项

（1）如果出现桥前时间过长，切换时间明显变慢，则可能是快速机构储能弹簧老化。

（2）对于三相变压器，过渡电阻在断流时间内选择较为平直处进行计算，所测试的过渡电阻为调前位置（单或双）的电阻值。对于 500kV 及以上自耦变压器，由于电流为二相电流的和，而且内部过渡电阻为多组的并联，所以一般不采用该方法测试，只有在解体检查时才进行此项目测试。

四、绕组直流电阻试验

1．试验方法

将所有绕组上的短接细铁线拆除，选择 10A 挡位，分别测试 AB、BC、CA 各分接的直阻，选择 1A 挡位，分别测试 ao、bo、co 的直阻。

2．判断标准：【国网（运检/3）829-2017 国家电网公司变电检测管理规定：附录 A.1】

（1）1.6MVA 以上变压器，各相绕组电阻相间的差别不大于三相平均值的 2％（警示值）。无中性点引出的绕组，线间差别不应大于三相平均值的 1%。

（2）1.6MVA 及以下变压器，各相绕组电阻相间的差别不大于三相平均值的 4%，线间差别不应大于三相平均值的 2%。

（3）换算至同一温度下，各相绕组初值差不超过 ±2%（警示值）。

（4）分析时每次所测电阻值都应换算至同一温度下进行比较，有标准值的按标准值进行判断，若比较结果虽未超标，但每次测量数值都有所增加，这种情况也须引起注意；在设备未明确规定最低值的情况下，将结果与有关数据比较，包括同一设备的各相数据，同类设备间的数据，出厂试验数据，经受不良工况前后，与历次同温度下的数据比较等，结合其他试验综合判断。

3. 注意事项

（1）测试电流不宜大于 20A，铁芯的磁化极性应保持一致。

（2）在扣除原始差异后，同一温度下各绕组电阻的相间差别和线间差别不大于 2%（警示值）。

（3）测量一侧绕组直阻时，其他绕组严禁短路。

（4）无载分接开关变压器一般只测试使用分接绕组电阻，如果进行其他分接电阻测试，更换分接前进行充分放电。恢复至使用分接应重新测试其绕组电阻和变比。

（5）相同部位测得值与出厂值在相同温度下比较，变化不应大于 2%。按式（3-3）换算到同一温度：

$$R_2 = R_1 \times \frac{T + t_2}{T + t_1} \tag{3-3}$$

式中　R_1、R_2——在温度 t_1、t_2 下的电阻值；

　　　　T——电阻温度常数，铜导线取 235，铝导线取 225。

（6）三相电阻不平衡率计算；计算各相相互间差别应先将测量值换算成相电阻，计算线间差别则以各线间数据计算，即

不平衡率＝（三相中实测最大值－最小值）×100%/三相算术平均值

当绕组为星形接线时：

$$R_a = (R_{ab} + R_{ac} - R_{bc})/2$$
$$R_b = (R_{ab} + R_{bc} - R_{ac})/2$$
$$R_c = (R_{bc} + R_{ac} - R_{ab})/2$$

当绕组为三角形接线（a-y，b-z，c-x）时：

$$R_a = (R_{ac} - R_p) - R_{ab}R_{bc}/(R_{ac} - R_p)$$
$$R_b = (R_{ab} - R_p) - R_{ac}R_{bc}/(R_{ab} - R_p)$$

$$R_c = (R_{bc} - R_p) - R_{ab}R_{ac}/(R_{bc} - R_p)$$

$$其中 R_p = (R_{ab} + R_{bc} + R_{ac})/2$$

以上各式中 R_a、R_b、R_c 为各相的相电阻；R_{ab}、R_{bc}、R_{ac} 为各相的线电阻。

(7) 测试完毕后，应进行消磁，高压消磁，低压测剩磁；最大消磁电流不小于 5A，剩磁测试时低压侧 10kV 变压器采用 200V，低压侧 35kV 及以上变压器采用 400V。剩磁检测应对比空载电流上升阶段和下降阶段的差异，电压、电流曲线差异系数不应大于 1.035。

五、穿芯螺栓、夹件、绑扎钢带、铁芯、线圈压环及屏蔽等的对地绝缘电阻试验

1. 试验方法

(1) 打开铁芯各穿芯螺栓、绑带、压环、纸板的接地螺栓。

(2) 分别测试各夹件、穿芯螺栓、绑带、压环、纸板对地、对铁芯的绝缘电阻及铁芯对螺栓等金属的绝缘电阻。

2. 判断标准：【国网（运检/3）829-2017 国家电网公司变电检测管理规定：附录 A.1】

铁芯接地电阻 ≥100MΩ（新投运不小于 1000MΩ）。其他项目在吊检时进行不小于 1000MΩ。

3. 注意事项

采用 2500V 测试电压，测试完毕后要对被测部位进行充分放电。

六、绕组变比、接线组别试验

1. 试验方法

(1) 将高压测试线的黄、绿、红色线分别连接 A、B、C 相，黑色线夹悬空。将低压测试线的黄、绿、红、黑色线分别连接 a、b、c、o 相。

(2) 选择测试接线组别。

(3) 选定自动测试变比，根据变压器铭牌输入额定变压比及级接，设定接线组别，在各分接头上测出高压对中压的变比误差，也可以根据公式计算出结果：相邻两分接变比差值/额定变比×100%。

2. 判断标准：【国网（运检/3）829-2017 国家电网公司变电检测管理规定：附录 A.1】

(1) 额定分接电压比允许偏差 ≤ ±0.5%，其他分接的偏差 ≤ ±1.0%（警示值）。

(2) 各相应分接的电压比顺序与铭牌相同。

(3) 接线组别与铭牌一致。

3. 注意事项

注意高压测试线和低压测试线不能接反。

七、交流耐压试验

1. 试验方法

（1）工频交流耐压。高压侧：高压绕组短接接试验变压器，低压绕组短接接地；低压侧：低压绕组短接接试验变压器，高压绕组短接接地。

（2）感应耐压。其试验原理如图 3-4 所示。

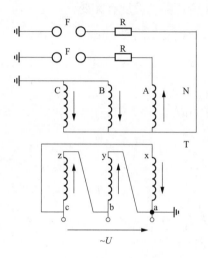

图 3-4　YN，d11 型变压器 A 相感应耐压试验原理图

F—保护球系；R—保护电阻

2. 判断标准：【GB 50150 电气装置安装工程电气设备交接试验标准：表 7.0.13-1】试验方法如表 3-4 所示。

表 3-4　　　　　　　　　　试　验　方　法

系统标称电压（kV）	设备最高电压（kV）	试验电压（kV）	
		油浸变压器	干式变压器
<1	≤1.1	—	2.5
3	3.6	14	8.5
6	7.2	20	17
10	12	28	24
15	17.5	36	32
20	24	44	43
35	40.5	68	60
66	72.5	112	—
110	126	160	—
220	252	(288) 316	—
330	363	(368) 408	—
500	550	(504) 544	—

（1）一般安装出厂试验的 80%，没有出厂值的按照表 3-4 进行，耐压 1min 无异常。

（2）耐压试验前后的绝缘电阻值不应有太大变化。

3. 注意事项

（1）升压时要时刻注意电流表、电压表的变化。

（2）认真听变压器的声响。

（3）测试完毕，用手感觉变压器的温度有无变化。

（4）要求变压器能够在规定电压下耐受 1min。

（5）对于工频耐压试验，应首先计算试验变压器容量或电流是否满足试验要求，计算公式如下：

试验变压器的额定电流 I_e（mA）：

$$I_e \geqslant \omega C_x U \tag{3-4}$$

或试验变压器容量 S_e（kVA）：

$$S_e \geqslant \omega C_x U U_e \cdot 10^{-3}$$

式中　ω——角频率（$2\pi f$，$f=50$）；

　　　C_x——试品电容量，μF；

　　　U——耐压试验电压，kV；

　　　U_e——试验变压器额定电压，kV。

八、短路阻抗试验（三相一体变压器）试验

1. 试验方法（以金达短路阻抗测试仪为例：单相法）

（1）将低压侧用较粗的短路线短路，由高压侧进行加压。

（2）按照仪器提示，分别测试 AB、BC、CA 的短路阻抗，等三相测试完毕，仪器自动计算出单相及三相短路阻抗值。

2. 判断标准【国家电网公司变电检测通用管理规定　第 26 分册：短路阻抗测试细则】

（1）1000kV 变压器初值差不超过 ±3%；容量 100MVA 以上或 220kV 以上的变压器初值差不超过 ±1.6%；容量 100MVA 及以下且 220kV 以下的变压器初值差不超过 ±2%。

（2）容量 100MVA 以上或 220kV 以上的变压器三相之间的最大相对互差不应大于 2%；容量 100MVA 及以下且 220kV 以下的变压器三相之间的最大相对互差不应大于 2.5%。

3. 注意事项

（1）应在最大分接、额定分接及最小分接进行测试。

（2）应在相同电流下进行测试。

（3）试验电流可用额定电流，亦可低于额定电流，但不宜小于 5A。

第四章

油 浸 电 抗 器

一、绝缘电阻、吸收比 K_m 和极化指数 PI 试验

1. 试验方法

试验接线方式如表 4-1 所示。

表 4-1 试 验 接 线 方 式

测试项目		绝缘电阻表接线方式（5000V）		
		－（L）	＋（E）	G
拆线试验	绕组—地	H、L	地	/
不拆线试验	绕组—铁芯、夹件	铁芯和夹件	H、L	低
铁芯—夹件及地		铁芯	夹件、地	/
夹件—铁芯及地		夹件	铁芯、地	/

2. 判断标准：【国网（运检/3）829-2017 国家电网公司变电检测管理规定：附录 A.1】

（1）绕组绝缘电阻：10～30℃下测得的吸收比 K_m 不低于 1.3 或极化指数 PI 不低于 1.5 或绝缘电阻大于 10000MΩ。

（2）铁芯、夹件绝缘电阻：750kV 及以下≥100MΩ（新投运不小于 1000MΩ）。

3. 注意事项

（1）绕组绝缘电阻选取 5000V 测试挡，将测试时间调为 10min。分别记录 15s、60s、10min 的绝缘电阻，并计算吸收比 $K_m(R_{60s}/R_{15s})$ 和极化指数 $PI(R_{10min}/R_{60s})$。

（2）铁芯、夹件绝缘电阻采用 2500V 绝缘电阻表（老旧对抗器采用 1000V 绝缘电阻表）。

（3）在阴雨潮湿的天气及环境湿度太大时，应加屏蔽线，屏蔽线应接近"－"极端，采用软铜线围绕套管 2～3 圈勒紧。

（4）绕组绝缘电阻换算至同一温度下，变化应小于 30%，低于 50℃时测量，不同温度下的绝缘电阻值一般按式（4-1）换算：

$$R_2 = R_1 \times 1.5^{(t_1-t_2)/10} \tag{4-1}$$

式中　R_1、R_2——温度 t_1、t_2 时的绝缘电阻值。

（5）吸收比 K_m 和极化指数 PI 不做温度换算。

（6）重复测量及更换接线测量时，短路接地放电时间不低于 10min。

二、绕组介损、电容量试验

1. 试验方法

试验接线方式如表 4-2 所示。

表 4-2   试 验 接 线 方 式

测试项目		高压试验线	Cx 线	接线方式
拆线	绕组—地	H、L	—	反接线（10kV）
不拆线	绕组—铁芯、夹件	H、L	铁芯、夹件	正接线（10kV）

2. 判断标准：【国网（运检/3）829-2017 国家电网公司变电检测管理规定：附录 A.1】

（1）$\tan\delta$ 值与历年的数值比较不应有显著变化（一般不大于 30%）。

（2）20℃时的介损因数：

330kV 及以上：$\tan\delta$ 不大于 0.005（注意值）；

66～220kV：$\tan\delta$ 不大于 0.008（注意值）。

3. 注意事项

（1）将测量绕组各相短接，非测量绕组各相短接接地。

（2）在油温低于 50℃时，不同温度下的 $\tan\delta$ 值一般可按式（4-2）换算：

$$\tan\delta_2 = \tan\delta_1 \times 1.3^{(t_2-t_1)/10} \tag{4-2}$$

式中 $\tan\delta_1$、$\tan\delta_2$——t_1、t_2 时的 $\tan\delta$ 值。

（3）电容量值与出厂值或初值的差别超出 ±3%（注意值）时，应查明原因。

三、电容型套管的绝缘电阻、$\tan\delta$ 和电容值（正接线、10kV）试验

参见第一章中"五、电容型套管的绝缘电阻、$\tan\delta$ 和电容值（正接线、10kV）试验"。

四、绕组直流电阻试验

1. 试验方法

将所有绕组上的短接线拆除，分别测试各绕组的直流电阻。

2. 判断标准：【国网（运检/3）829-2017 国家电网公司变电检测管理规定：附录 A.1】

（1）各相绕组电阻相间的差别不大于三相平均值的 2%（警示值）。

（2）换算至同一温度下，各相绕组初值差不超过 ±2%（警示值）。

（3）分析时每次所测电阻值都应换算至同一温度下进行比较，有标准值的按标准值进行判断，若比较结果虽未超标，但每次测量数值都有所增加，这种情况也须引起注意；在设备未明确规定最低值的情况下，将结果与有关数据比较，包括同一设备的各相数据，同类设备间的数据，出厂试验数据，经受不良工况前后，与历次同温度下的数据比较等，结

合其他试验综合判断。

3. 注意事项

(1) 测试电流不宜大于 20A。

(2) 在扣除原始差异后,同一温度下各绕组电阻的相间差别和线间差别不大于 2% (警示值)。

(3) 相同部位测得值与出厂值在相同温度下比较,变化不应大于 2%。按式 (4-3) 换算到同一温度:

$$R_2 = R_1 \times \frac{T + t_2}{T + t_1} \tag{4-3}$$

式中 R_1、R_2——在温度 t_1、t_2 下的电阻值;

   T——电阻温度常数,铜导线取 235,铝导线取 225。

(4) 三相电阻不平衡率计算;计算各相相互间差别应先将测量值换算成相电阻,计算线间差别则以各线间数据计算,即

不平衡率=(三相中实测最大值-最小值)×100%/三相算术平均值

五、直流泄漏电流试验

1. 试验方法

被高低压端子短接接直流高压发生器的负极高压。

2. 判断标准:【国网 (运检/3) 829-2017 国家电网公司变电检测管理规定:附录 A.1】

试验电压如表 4-3 所示。

表 4-3   试 验 电 压

电压等级 (kV)	3	6~10	35	66~220	500 及以上
试验电压 (kV)	5	10	20	40	60

加压 60s 时的泄漏电流与初始值没有明显增加,与同型号设备比较没有明显变化。

不同温度时的绕组泄漏电流值如表 4-4 所示。

表 4-4   不同温度时的绕组泄漏电流值

温度 (℃)	10	20	30	40	50	60	70	80
电流 (μA)	33	50	74	111	167	250	400	570

3. 注意事项

(1) 试验结束后,应充分放电,再拆除高压试验线。

(2) 由泄漏电流换算成的绝缘电阻值应与绝缘电阻表所测值相近 (在相同温度下)。

（3）电流值来回摆动，可能有交流分量通过微安表。若无法读数，则应检查微安表的保护回路或加大滤波电容，必要时改变滤波方式。

（4）电流周期性摆动，可能是由于回路存在反充电所致，或者是被试设备绝缘不良，产生周期性放电。

（5）电流突然减小，可能是电源回路引起；突然增大，可能是试验回路或被试品出现闪络，或内部间歇性放电引起的。

（6）电流值随时间变化，若逐渐下降，可能是充电电流减小或被试品表面绝缘电阻上升引起的；若逐渐上升，则可能是被试品绝缘老化引起的。

（7）指针反指，可能是由于被试设备经测压电阻放电所致。

（8）若泄漏电流过大，应检查试验回路各设备状况和屏蔽是否良好，在排除外因之后，才能作出正确结论。

（9）泄漏电流过小，应检查接线是否正确，微安表保护部分有无分流与断线。

六、套管内 TA 试验

参见第一章中"十一、套管内 TA 试验"。

第五章

开 关 设 备

一、分、合闸线圈的直流电阻、最低动作电压试验

1. 试验方法

（1）分合闸线圈直阻测试要求由自汇控柜内远方操作处进行测量（即 102 与 107、137 和 202 与 237 之间的电阻值）。

（2）分合闸线圈最低动作电压测试（如表 5-1 所示）。

表 5-1 分合闸线圈最低动作电压测试

项目	+	−
合闸	107（部分 35kV 为 307）	102（部分 GIS 为 2BN11、部分 35kV 为 302）
主分闸	137（部分 35kV 为 317）	
副分闸	237（部分 35kV 为 427）	202（部分 GIS 为 2BN11、部分 35kV 为 402）

1）特高压站 1000kV 断路器：合闸：CB11-X1 端子排：A：2—6，B：34—38，C：66—70；

主分：CB11-X1 端子排：A：4—5，B：36—37，C：68—69；

副分：CB11-X2 端子排：A：4—5，B：36—37，C：68—69。

2）特高压站 110kV 断路器：合闸：610—625；主分：630—645；副分：730—745。

2. 判断标准：【国网（运检/3）829-2017 国家电网公司变电检测管理规定：附录 A.2】

（1）分合闸线圈直阻应符合设备技术文件要求，没有明确要求时，以线圈电阻初值差不超过±5％作为判据。

（2）操作机构分、合闸脱扣器在端子上的最低动作电压应在操作电压额定值的 30％～65％；当电源电压低于额定电压的 30％时，脱扣器不应脱扣。

（3）并联合闸脱扣器在合闸装置额定电源电压的 85％～110％范围内，应可靠动作（即额定电压为 220V：要求为 66～187V，额定电压 110V：要求为 33～93.5V）。

（4）并联分闸脱扣器在分闸装置额定电源电压的 65％～110％（直流）（即额定电压为 220V：要求为 66～143V；额定电压为 110V：要求为 33～71.5V）或 85％～110％（交流）

范围内，应可靠动作。

3.注意事项

（1）开关在分闸状态时，只能测量合闸电磁铁的电阻值。

（2）试验电压由 66V 开始进行测试，以 5V 递增电压测试。

（3）采用突然加压法进行测试。

（4）进口设备按制造厂规定。

二、分合闸时间、速度试验

1.试验方法

（1）分合闸时间同期，分合时间（金属短接时间）、分合闸速度试验接线方法如图 5-1～图 5-3 所示。

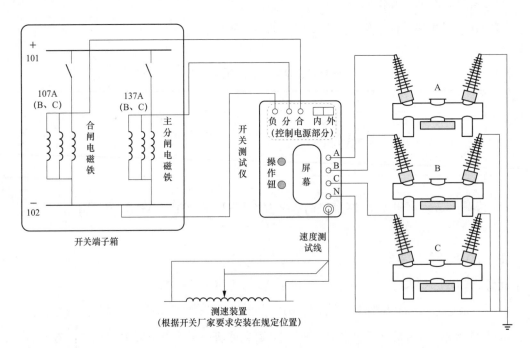

图 5-1　500kV 罐式断路器机械特性试验接线图

（2）部分断路器行程及速度定义参考值（如表 5-2 所示）。

（3）测速装置安置图片，如图 5-4～图 5-9 所示。

2.判断标准：【国网（运检/3）829-2017 国家电网公司变电检测管理规定：附录 A.2】

（1）合、分指示正确。

（2）辅助开关动作正确。

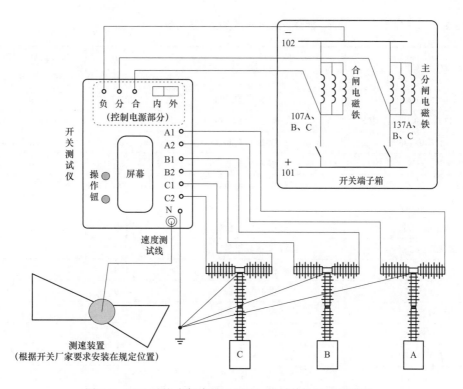

图 5-2 500kV 柱式断路器（ABB）机械特性试验接线图

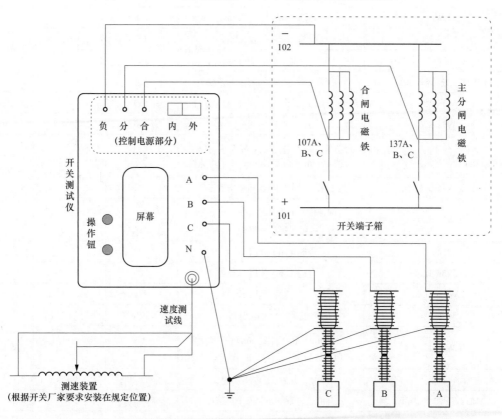

图 5-3 220kV、35kV 柱式断路器（ABB）机械特性试验接线图

表 5-2 部分断路器行程及速度定义参考值

型号	速度定义	行程（mm）	合闸速度（m/s）	分闸速度（m/s）
LWG9-252（西开 GIS）	行程 10% 到断口	200	2.9～3.9	7.8～8.7
LW13A-550Y（西开 ABB 机构）	行程 14% 至断口	180	3～4	7.8～9.2
LW25-126	行程 10% 至断口	150	1.7～2.4	4.1～4.8
LW25-252（CT20 机构）	行程 20% 至断口	230	2.8～3.8	6.7～7.4
LW25-252（CYA3 机构）	行程 10% 至断口	205	3.2～4.2	7.1～8.1
LW25-363	行程 10% 至断口	230	3.2～4.2	7.1～8.1
LW13-550	行程 10% 至断口	180	3.2～4.2	7.1～8.1
LW14-252	行程 10% 至断口	230	3.2～4.2	7.1～8.1
LW23-252	行程 10% 至断口	180	2.9～3.9	7.8～8.7
LW15-550	行程 10% 至断口	230	3.6～4	9.3～10.3
LW15-252	行程 10% 至断口	230	3.8～4.3	9～10
LW15-363	行程 10% 至断口	230	3.6～4	9.3～10.3
LW35-126	合前 10ms 分后 10ms	150±4	2.5～3.1	3.6～4.6
LW10B-252	合前 40ms 分后 90ms	200±1	4.1～5.1	8～10
LW10B-550	合前 40ms 分后 100ms	200	3.9～4.9	7.4～9
LW6	合前 36ms 分后 72ms	150	3.4～4.6	5.5～7
LW8-35	合前 16ms 分后 32ms	95	3.0～3.4	3.2～3.6
LW16	合前、分后 10ms	65	≥2	2.2～2.6
LW11-126（31.5kA）	行程 10% 至 90% 间平均速度	160	1.6～2.8	5.8～7.4
LW11-126	行程 10% 至 90% 间平均速度	160	1.6～2.8	6.1～8.1
LW11-220	行程 10% 至 90% 间平均速度	200	8.5～10.5	2～3
LW33-126	合前 50mm 至合后 20mm 间平均速度 分前 20mm 至分后 50mm 间平均速度	150	4.1～5.3	2.1～2.9
LW12-500	行程 10% 至 90% 间平均速度	200	1.4～2.6	8.2～9.8
LW56-550	合闸速度：行程 105mm 至 145mm 分闸速度：行程 145mm 至 40mm	200	4.1～5.0	9～9.7
LW9	合前 10ms 分后 10ms	150		
LW36-126	合前 10ms 分后 10ms	120	3～4	4.4～5
LW36-40.5	合前分后 10ms	80	2.3±0.2	2.7±0.2
LW30-126	行程 40% 至断口	120	1.7～2.3	4～5
LW29-126	合前 50mm 至合后 20mm 间平均速度 分前 20mm 至分后 50mm 间平均速度	145	1.8～2.8	5～6
OHB	合前、分后 11° 内平均速度	$K=1.066$	2.4～3.3	2.0～2.8
ABB LTB72.5-245E1	合前、分后 10ms 内平均速度	160/210		
3AP110	合前、分后 10ms 内平均速度	120	3.5～4.5	4～5

型号	速度定义	行程 (mm)	合闸速度 (m/s)	分闸速度 (m/s)
3AP252	合前、分后 10ms 内平均速度	225		
LW53-252	合闸速度：行程 110mm 至 150mm 分闸速度：行程 150mm 至 105mm	200（液压） 205（ABB）		
GL312（145kV）	合前 7ms 分后 7ms	150	3.1~4.1	5.9~6.9
GL314	合前 10ms 分后 10ms	180	—	—
GL317	合前 10ms 分后 10ms	135		
ZN12-12（Ⅰ、Ⅱ、Ⅲ、Ⅳ）	合前、分后 6mm 内平均速度	开距 11±1	0.6~1.1	1.0~1.4
ZN12-12（Ⅴ、Ⅵ、Ⅶ、Ⅷ、Ⅸ、Ⅹ）	合前、分后 6mm 内平均速度	开距 11±1	0.8~1.3	1.0~1.8
ZN65-10	合闸速度测全程，分闸速度 为分后 6mm 内平均速度	开距 11±1	0.4~0.8	1.1~1.5
ZN65A-12/T（4000-63）	合前、分后 6mm 内平均速度	开距 11±1	0.8~1.3	1.0~1.8
VS1	合前、分后 6mm 内平均速度	开距 11±1 超程 3.5±1	0.5~0.8	0.9~1.2
ZW7	合闸测全程，分闸测分后 12mm	22±2		
ZW8	合、分测全程	11±1		
ZN28A-12	合前、分后 6mm 内平均速度	开距 11±1	0.4~0.8	0.7~1.3
ZN63A-12	合前、分后 6mm 内平均速度	开距 11±1	0.55~0.8	0.9~1.2
GL312（145kV）	合前 7ms 分后 7ms	150	3.1~4.1	5.9~6.9
GL314	合前 10ms 分后 10ms	180		
GL317	合前 10ms 分后 10ms	135		
SN10	合前、分后 10ms 内平均速度	157	≥4	3~3.3
SW2-35（1000A）	合前、分后 10ms 内平均速度	310	2.9~3.5	2.8~3.4
SW2-35（Ⅰ、Ⅱ）	合前、分后 10ms 内平均速度	310	3.2~4.4	3.5~4.5
SW2-35（Ⅲ）	合前、分后 10ms 内平均速度	315	3.4~4.6	3.5~4.5
SW2-35（Ⅳ、Ⅴ）	合前、分后 10ms 内平均速度	315	3.4~4.6	4~4.8
SW2-110Ⅰ	合闸点前后、分闸点前后各 5ms 内速度	390	4.5~5.7	6~7
SW2-110Ⅱ	合闸点前后、分闸点前后各 5ms 内速度	390	2.5~3.5	4.2~5.6
SW2-110Ⅲ	合闸点前后、分闸点前后各 5ms 内速度	390	4.4~5.6	7~8.2
SW2-220（Ⅰ、Ⅱ、Ⅲ）	合闸点前后、分闸点前后各 5ms 内速度	390	4~5.6	5.9~7.1
SW2-220（Ⅳ）	合闸点前后、分闸点前后各 5ms 内速度	390	4.4~5.6	7~8.2
SW3-110	合闸点前后、分闸点前后各 5ms 内速度	390	≥2.9	4.7~5.5
SW6	合闸点前后、分闸点前后各 5ms 内速度	390	2.9~4.4	4.9~5.4
SW6-110Ⅰ	合闸点前后、分闸点前后各 5ms 内速度	390	2.9~4.4	7.5~9
SW7-110	合闸点前、分闸点后 10ms 内速度	600	5.5~7.5	6~8

型号	速度定义	行程 （mm）	合闸速度 （m/s）	分闸速度 （m/s）
SW7-110Z	合闸点前、分闸点后 10ms 内速度	600	4.5～6	10～12
DW2-35	合闸点前后、分闸点前后各 5ms 内速度	168	≥2.5	1.9～2.5
DW8-35	合闸点前、分闸点后 10ms 内速度	197	2.6～3.6	≥2.4
ZF11-252	合前分后 10ms	220		10±1
FD4025D	合闸：半程前 10ms 内平均速度； 分闸：半程后 10ms 内平均速度	78～80	≥1.5	2.2～2.8

图 5-4　西开 220kV 罐式 LW24-252 型断路器测速装置安装图

图 5-5　三菱 HGIS 断路器测速装置安装图

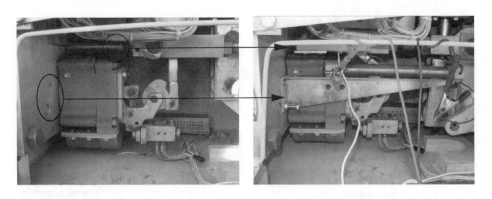

图 5-6　西开 500kV 罐式 LW13-550 型断路器测试装置安装图

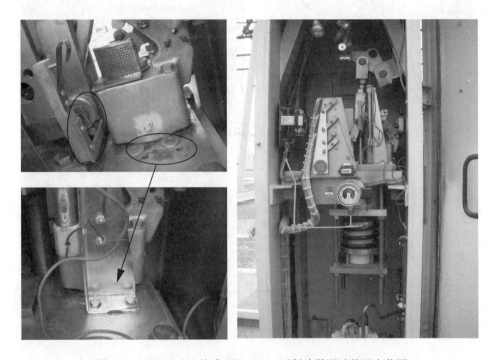

图 5-7　西开 220kV 柱式 LW15-220 型断路器测试装置安装图

图 5-8　石北站 ABB 断路器测试装置安装图

图 5-9　220kV GIS 断路器测试装置安装图

（3）合、分闸时间，合、分闸不同期，合分时间满足技术文件要求且没有明显变化，必要时，测量行程特性曲线做进一步分析。

（4）除有特别要求的之外，断路器的分、合闸同期性应满足下列要求：

1）相间合闸不同期不大于 5ms，相间分闸不同期不大于 3ms；

2）同相各断口合闸不同期不大于 3ms，同相分闸不同期不大于 2ms；

3）真空断路器弹跳时间：40.5kV 以下断路器不应大于 2ms，40.5kV 及以上断路器不应大于 3ms。

（5）速度特性测量方法和测量结果符合制造厂规定，要求保留速度测试曲线。

（6）合分时间（金属短接时间）要求满足厂家要求，一般大于 60ms。

3. 注意事项

（1）试验前，应征得开关负责人和保护负责人的同意。

（2）动作开关时要提醒机构旁工作人员原理机构，防止机构动作伤人。

（3）应在额定压力下进行测试。

（4）时刻关注储能情况。

（5）合分时间测试时，必须将合分控制时间设置为合闸时间要求值的最大值。

三、回路电阻试验

1. 试验方法

回路电阻测试接线原理如图 5-10 所示。

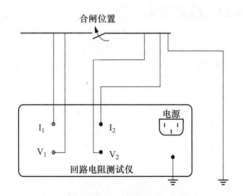

图 5-10 回路电阻测试接线原理图

2. 判断标准：【国网（运检/3）829-2017 国家电网公司变电检测管理规定：附录 A.2～A.5】

（1）SF_6 断路器（包括 GIS）回路电阻要求不大于厂家要求值（注意值）。

（2）真空开关回路电阻要求不大于厂家要求值的 120％（注意值）。

（3）隔离开关回路电阻要求不大于厂家要求值的 150％（注意值）。

3. 注意事项

（1）开关设备必须在合闸位置，并保证被试开关设备单侧接地。

（2）用直流压降法测量，电流≥100A（1000kV 开关≥300A）。

（3）测试线的电压线应接在电流线的内侧，电流线夹与电压线夹的金属部分不能接触。

四、断口电容的绝缘电阻、$\tan\delta$ 和电容值（正接线、10kV）试验

1. 试验方法

绝缘电阻测试采用 5000V 绝缘电阻表，介损、电容量测试一般要求采用正接线法加压 10kV，由于保北 5003 断路器与主变压器之间没有隔离开关，无法断开与主变压器的隔离，所以采取反接线法进行测试，当主变压器进行拆线试验时，在采用正接线

法测试。

2. 判断标准:【国网（运检/3）829-2017 国家电网公司变电检测管理规定:附录 A.2】

（1）tanδ 值:油浸纸≤0.5%，膜纸复合≤0.25%（注意值）。

（2）电容量初值差不超过±5%（警示值）。

（3）绝缘电阻不低于 5000MΩ。

3. 注意事项

（1）当相对湿度较大时，可采用电吹风吹干瓷套表面后测量。

（2）断路器两端接地开关必须打开，采用正接线 10kV 测试。

（3）接线时注意防止感应电伤人。

五、SF_6 气体湿度、组分、纯度测试试验

1. 试验方法

气体测试原理如图 5-11 所示。

图 5-11　气体测试原理图

（1）连接导气管之前，确认气室的 SF_6 密度继电器的校验阀门为常开状态。

（2）确认仪器的计量阀处于关闭状态，将导气管带过滤器的一端与转接头连接，另一端与仪器进气口连接。

（3）将转接头与设备气室排气口连接良好后，慢慢打开流量阀，防止压力突变，以免压力传感器和流量传感器损坏，调节所需气体流量:日立信纯度测试仪要求 0.3L/min，微水测试仪要求 2～3 刻度;常州艾特分解物测试仪要求 0.65～0.8L/min;苏州华电湿度要求 0.5～0.9L/min，分解物、纯度要求 0.1～0.25L/min;厦门佳华综合测试仪:湿度要求约 0.5L/min，分解物、纯度要求约 0.2L/min。分解物、纯度预热 30s，湿度预热 10min，开始测量，分解物、纯度测量 3min，湿度测量 5min。

2. 判断标准:【国网（运检/3）829-2017 国家电网公司变电检测管理规定:附录 A.19】

SF_6 气体检测项目标准如表 5-3 所示。

3. 注意事项

（1）测试人员在测试前，必须对 SF_6 密度继电器的校验阀门确保常开状态。

（2）SF_6 气体可从密度监视器处取样。

表 5-3   **SF_6 气体检测项目标准**

测试项目		新充气后	运行中
SF_6 气体湿度（20℃，0.1013MPa）	有电弧分解物隔室（GIS 开关设备）	≤150μL/L	≤300μL/L（注意值）
	无电弧分解物隔室（GIS 开关设备、电流互感器、电磁式电压互感器）	≤250μL/L	≤500μL/L（注意值）
杂质组分（SO_2、H_2S、CF_4、CO、CO_2、HF、SF_4、SOF_2、SO_2F_2）			SO_2≤1μL/L（注意值） H_2S≤1μL/L（注意值） CF_4增量≤0.1%（新投运≤0.05%）（注意值）
SF_6 气体纯度（质量分数）		≥99.8g/g	≥97g/g

（3）测量完成之后，按要求恢复密度监视器，注意按力矩要求紧固。

（4）测试人员应站在上风口，排气管路应远离试验人员和测试仪器。

（5）测量人员尽量使用防止逆止阀漏气的阀门。

（6）测量 SF_6 分解物放电性气体时，测量后应及时对测试设备进行清洗（使用新的 SF_6 瓶气或没有放电气室的气体）。

六、合闸电阻阻值及合闸电阻预接入时间试验

1. 试验方法

合闸电阻测试接线原理如图 5-12 所示。

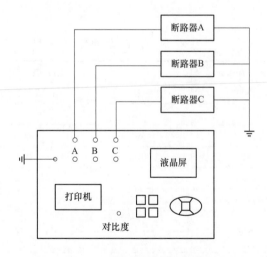

图 5-12 合闸电阻测试接线原理图

断路器处于分闸状态，将一侧短接接地，按图 5-12 接线，将仪器的控制触发输出线接入到断路器合闸控制回路中，按照步骤进行触发。

2. 判断标准：【国网（运检/3）829-2017 国家电网公司变电检测管理规定：附录 A.2】

（1）合闸电阻值初值差不超过±5%（注意值）。

（2）合闸电阻预接入时间符合设备技术文件要求。

3. 注意事项

（1）接线前，应确保测试仪已经可靠接地，拆接线前应先关掉仪器的工作电源。

（2）给仪器通电并预热 30s，开机，进入测量等待页面。

七、绝缘电阻及交流耐压试验

1. 试验方法

（1）相间及对地（合闸状态）：被试相接绝缘电阻表负极或试验变压器，非被试相短接接地。

（2）断口（合闸状态）：三相一端短接接绝缘电阻表负极或试验变压器，另一端短接接地。

2. 判断标准：【国网（运检/3）829-2017 国家电网公司变电检测管理规定：附录 A.2、A.3】

（1）绝缘电阻采用 2500V 绝缘电阻表，要求依照表 5-4 执行。

表 5-4　　　　　　　　　　绝缘电阻检测标准

额定电压（kV）	3～15	20～35	63～220	330～500
绝缘电阻值（MΩ）	1200	3000	6000	10000

（2）耐压试验时按照出厂试验的 80% 进行，如果无法提供出厂试验值，按照表 5-5 执行。

表 5-5　　　　　　　　　　耐 压 试 验 标 准

额定电压（kV）	最高工作电压（kV）	1min 耐受电压峰值（kV）		
		相间及对地	断路器端口	隔离端口
3	3.6	25	25	27
6	7.2	32	32	36
10	12	42	42	49
35	40.5	95	95	118
66	72.5	155	155	197
110	126	200	200	225
		230	230	265
220	252	360	360	415
		395	395	460
330	363	460	460	520
		510	510	580
500	550	630	790	790
		680	790	790
		740	790	790

（3）GIS一般应首先进行老练试验，电压为 $U_m/\sqrt{3}$、时间为 5min；然后进行交流耐压试验，电压为出厂试验值的 80%，频率不超过 300Hz，耐压时间为 60s。

3. 注意事项

（1）耐压前后都应进行绝缘电阻测试，两次测试的绝缘电阻值不应有明显变化。

（2）GIS耐压时，电磁式电压互感器和金属氧化物避雷器应与主回路断开，耐压结束后，恢复连接。

（3）工频耐压试验，应首先计算试验变压器容量或电流是否满足试验要求，计算公式如下：

$$试验变压器的额定电流 \ I_e(mA)：I_e \geqslant \omega C_x U \tag{5-1}$$

$$或试验变压器容量 \ S_e(kVA)：S_e \geqslant \omega C_x U U_e \cdot 10^{-3}$$

式中　ω——角频率（$2\pi f$，$f=50Hz$）；

　　C_x——试品电容量，μF；

　　U——耐压试验电压，kV；

　　U_e——试验变压器额定电压，kV。

八、真空开关真空度试验

1. 试验方法

真空度测试接线原理如图 5-13 所示。

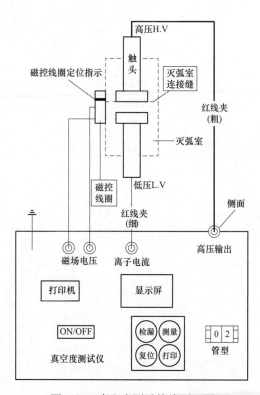

图 5-13　真空度测试接线原理图

2. 判断标准：【国网（运检/3）829-2017 国家电网公司变电检测管理规定：附录 A.2】真空灭弧室内部气体压强不大于 6.6×10^{-2} Pa。

3. 注意事项

（1）磁场电压线切勿短路，否则会造成仪器严重损坏。

（2）同一真空断路器的真空度测试，每次时间间隔不得小于 10min，且每天不得超过 3 次测试。

（3）特别注意：拆除磁场电压线时，一定要先拔出仪器上的线，再拆除磁控线圈。

（4）测试过程中，试验人员应远离高压线和磁场电压线的输出端。

（5）测试完毕，应将高压输出端对地放电，并将离子电流夹与高压输出线夹短接。

（6）灭弧室的管型选择（如表 5-6 所示）。

表 5-6 灭弧室管型选择

管型	灭弧室管径（mm）
00 号	<80
02 号	80~100
04 号	100~110
06 号	≥110

第六章

电 流 互 感 器

一、绝缘电阻试验

1. 试验方法

试验接线方式如表 6-1 所示。

表 6-1　　　　　　　　　　　　试 验 接 线 方 式

所测项目		绝缘电阻表接线（2500V）		备注
		—	＋	
电容型 TA	一次对地	一次	地	可以不拆线，但要断开两侧接地开关、开关
	末屏对地	末屏	地	
电磁型 TA	一次对地	一次	地	需要拆除引线
SF_6 TA	一次对地	一次	地	

2. 判断标准：【国网（运检/3）829-2017 国家电网公司变电检测管理规定：附录 A.6】

（1）一次对地：>3000MΩ，或与上次测量值相比无显著变化，不低于出厂值或初值的 70%。

（2）末屏对地（电容型）：>1000MΩ。

3. 注意事项

（1）测量结束后，恢复末屏接地，并且安排专人检查。

（2）当电容型电流互感器末屏对地绝缘电阻小于 1000MΩ 时，应测量末屏对地 tanδ，试验电压 2kV，其值不大于 0.015。

（3）采用 2500V 绝缘电阻表测量。

二、介损、电容量试验

1. 试验方法

试验接线方式如表 6-2 所示。

2. 判断标准：【国网（运检/3）829-2017 国家电网公司变电检测管理规定：附录 A.6】

（1）电容量初值差不超过 ±5%（警示值）。

（2）主绝缘 tanδ（%）不应大于表 6-3 中的数值要求（注意值），且与历次数据比较，不应有显著变化。

表 6-2   试 验 接 线 方 式

所测项目		电桥试验接线		方法	备注
		高压	Cx		
电容型 TA	一次对末屏	一次	末屏	正接线 10kV	可以不拆线
	末屏对地	末屏	一次	反接线低压屏蔽 2kV	
电磁型 TA	一次对地	一次	—	反接线 10kV	拆线试验

表 6-3   主绝缘 $\tan\delta$（%）注意值

U_m(kV)	42.5	126/72.5	252/363	≥550
油纸电容型	0.01	0.01	0.008	0.007
充油型	0.035	—	—	—
胶纸电容型	0.03	—	—	—
充胶式及干式	0.005	0.005	0.005	—

聚四氟乙烯缠绕绝缘：≤0.005。

（3）当电容型电流互感器末屏对地绝缘电阻小于 1000MΩ 时，应测量末屏对地 $\tan\delta$，试验电压采用 2kV，其值不大于 0.015。

（4）如果测量值异常（测量值偏大或增量偏大），可测量介质损耗因数与测量电压之间的关系曲线，测量电压从 10kV 到 $U_m/\sqrt{3}$，介质损耗因数的增量应不超过 ±0.003，且介质损耗因数不大于 0.007（$U_m \geq 550$kV）、0.008（U_m 为 363kV/252kV）、0.01（U_m 为 126kV/72.5kV）。

3. 注意事项

（1）将被试品表面擦拭干净。

（2）测量结束后，电容型电流互感器的末屏必须可靠接地，最终需专人检查。

三、TA 特性试验

1. 试验项目及方法

试验项目及方法如表 6-4 所示。

表 6-4   试 验 项 目 及 方 法

项目	试验方法
一次绕组直阻	采用 100A 回路电阻测试仪测试
保护用绕组（P 级和 TPY 级）的直流电阻	用单臂电桥分别测试保护用二次线圈的直流电阻，多抽头线圈测试使用抽头或最大抽头

项目	试验方法
所有二次绕组电流比	 变比检查试验接线
所有二次绕组的极性	(1) 将指针万用表调至直流电流的最小挡位，正极和负极分别接 TA 二次圈的 S1 和 S2（或 S3）。 (2) 用电池（或绝缘电阻表）的正极接 TA 一次线圈的 L1，负极点 L2。 (3) 如果万用表指针正起，则为减极性或同极性，反之为加极性或反极性
保护用绕组（P 级和 TPY 级）伏安特性	TA 伏安特性测试仪采用外接电源方法，选择电压为 2000V，测试保护用二次线圈，多抽头线圈测试使用抽头或最大抽头。 伏安特性试验

2. 判断标准：【国网（运检/3）829-2017 国家电网公司变电检测管理规定：附录 A.6】

（1）一次绕组直流电阻和三相平均值的差异不宜大于 15%，二次绕组直流电阻和三相平均值的差异不宜大于 15%。

（2）变比、极性和伏安特性应符合要求。

3. 注意事项

（1）伏安特性测试时，非被试二次线圈要求在开路状态。伏安特性测试应在曲线拐点附近至少测量 5～6 个点；对于拐点电压较高的绕组，现场试验电压不大于 2kV。

（2）当电流互感器为多抽头时，可在使用抽头或最大抽头测量，其余二次绕组应开路。

（3）在试验前，应对其试验二次绕组进行退磁；其方法应按制造单位在标牌上标注的或技术文件中规定的进行。若制造单位未做规定，现场一般采用开路退磁法。

四、耐压试验

1. 试验方法

（1）一次耐压：将一次绕组短接接试验变压器高压输出，末屏及二次线圈短接接地，升压至出厂试验的 80%。

（2）二次耐压：将二次绕组短接接试验变压器高压输出，升压至 2kV。

（3）末屏对地：将二次绕组短接接试验变压器高压输出，升压至 2kV。

2. 判断标准：【国网（运检/3）829-2017 国家电网公司变电检测管理规定：附录 A.6】坚持 1min，泄漏电流表指针不应有太大变化。

3. 注意事项

（1）耐压前后绝缘电阻值不应有太大变化。

（2）SF₆电流互感器压力下降到 0.2MPa 以下，补气后应做老练和交流耐压试验。

（3）对于工频耐压试验，应首先计算试验变压器容量或电流是否满足试验要求，计算公式如下：

$$\text{试验变压器的额定电流 } I_e\text{（mA）：} I_e \geqslant \omega C_x U$$

$$\text{或试验变压器容量 } S_e\text{（kVA）：} S_e \geqslant \omega C_x U U_e \cdot 10^{-3} \tag{6-1}$$

式中　ω——角频率（$2\pi f$，$f=50\mathrm{Hz}$）；

$\quad\quad C_x$——试品电容量，$\mu\mathrm{F}$；

$\quad\quad U$——耐压试验电压，kV；

$\quad\quad U_e$——试验变压器额定电压，kV。

五、局部放电试验

1. 试验方法

局部放电测试接线方法如图 6-1～图 6-4 所示。

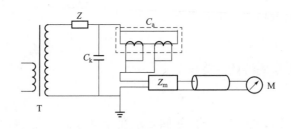

图 6-1　局部放电测试接线方法（一）（串联法）

T—试验变压器；C_a—被试互感器电容；C_k—耦合电容器电容；M—PD测量装置；

Z_m—测量阻抗；Z—滤波器（如果 C_k 为试验变压器的电容，则不要求滤波器）

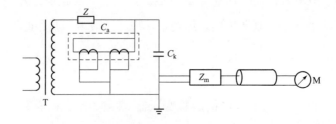

图 6-2　局部放电测试接线方法（二）（并联法）

T—试验变压器；C_a—被试互感器电容；C_k—耦合电容器电容；M—PD测量装置；

Z_m—测量阻抗；Z—滤波器（如果 C_k 为试验变压器的电容，则不要求滤波器）

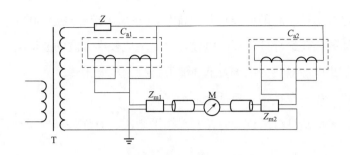

图 6-3　局部放电测试接线方法（三）（平衡法）

T—试验变压器；C_{a1}—被试互感器电容；C_{a2}—无局放的试品电容；M—局部放电测试仪器；

Z_{m1}、Z_{m2}—测量阻抗；Z—滤波器

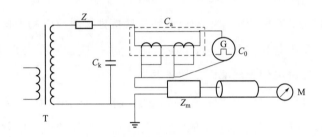

图 6-4　局部放电测试校准接线图

T—试验变压器；C_a—被试互感器电容；C_k—耦合电容器电容；M—PD 测量装置；

Z_m—测量阻抗；Z—滤波器（如果 C_k 为试验变压器的电容，则不要求滤波器）；

G—带有电容 C_0 的冲击发生器

（1）如果在工频耐压试验之后，通过降低电压来达到局部放电测量电压，或者是在工频耐压试验之后，进行局部放电试验。

（2）施加的电压升至工频耐受电压的 80%，持续时间不少于 60s。然后，直接降到规定的局部放电测量电压，预加电压之后，当达到规程规定的局部放电测量电压时，在 30s 内测量局部放电水平。

（3）试验电压下，试品的工频电容电流超出测量阻抗 Z_m 允许值，或试品的接地部位固定接地时，可采用并联法试验回路。试验电压下，试品的工频电容电流符合测量阻抗 Z_m 允许值时，可采用串联法试验回路。试验电压下，串联法和并联法试验回路有过高的干扰信号时，可采用平衡法试验回路。

2. 判断标准：【国网（运检/3）829-2017 国家电网公司变电检测管理规定：附录 A.6】

$2U_m/\sqrt{3}$ 下：≤20pC（气体）；≤20pC（油纸绝缘及聚四氟乙烯缠绕绝缘）。

≤50pC（固体）（注意值）。

3. 注意事项

（1）每次使用前应检查校准方波发生器电池是否充足电。

（2）从串联电容到被试品的引线应尽可能短直并采用带屏蔽层的电缆，串联电容与校准方波发生器之间的连线最好选用同轴电缆，以免造成校准方波的波形畸变。

（3）采用屏蔽式电源隔离变压器及低通滤波器抑制电源干扰。

（4）试验回路采用一点接地，降低接地干扰。

（5）将试品置于屏蔽良好的试验室，并采用平衡法、对称法和模拟天线法的测试回路，抑制辐射干扰。

（6）远离不接地金属物产生的感应悬浮电位放电或采用接地的方式消除悬浮电位放电干扰。

（7）在高压端部采用防晕措施（如防晕环等），高压引线采用无晕的导电圆管，以及保证各连接部位的良好接触等措施消除电晕放电和各连接处接触放电的干扰。

（8）使用的试验变压器和耦合电容器的局部放电水平应控制在一定的允许量以下，降低其内部放电干扰。建议采用无局部放电变压器。

（9）接线图 6-1～图 6-4 为电磁型 TA 局部放电试验，对于电容型 TA 的局部放电试验，则要求测试的是电容内部局部放电量，所以要将二次线圈短接接地，信号由末屏取得。

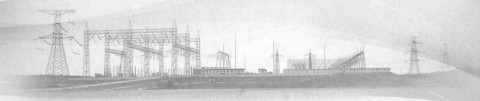

第七章

电磁式电压互感器（包括放电线圈）

一、绝缘电阻试验

1. 试验方法

试验接线方式如表 7-1 所示。

表 7-1   试 验 接 线 方 式

所测项目	绝缘电阻表接线（2500V）		备注
	—	+	
一次对地	一次绕组（首尾短接）	二次绕组短接接地	2500V
二次间及对地	被试二次绕组（首尾短接）	其他二次绕组短接接地	1000V

2. 判断标准：【国网（运检/3）829-2017 国家电网公司变电检测管理规定：附录 A.7.1】

(1) 一次绕组：≥1000MΩ，初值差不超过−50％（注意值）。

(2) 二次绕组：≥10MΩ（注意值）。

3. 注意事项

(1) 一次绕组用 2500V 绝缘电阻表，二次绕组采用 1000V 绝缘电阻表。

(2) 测量时非被测绕组应接地。

二、介损、电容量（油浸式）试验

1. 试验方法

(1) 常规反接线（36～66kV），如图 7-1 和表 7-2 所示。

(2) 末端屏蔽法（110kV 及以上），如图 7-2 和表 7-2 所示。

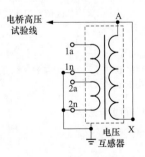

图 7-1 常规反接线

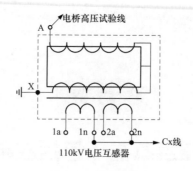

图 7-2 末端屏蔽法

表 7-2   试 验 方 法

测试方法	电压互感器类型	试验电压
常规反接线	分级绝缘（35～66kV 母线电压互感器）	反接线 2kV
	等级绝缘（放电线圈）	反接线 10kV
末端屏蔽法	分级绝缘（110kV 及以上电压互感器）	正接线 10kV

2. 判断标准：【国网（运检/3）829-2017 国家电网公司变电检测管理规定：附录 A. 7. 1】

（1）≤0.02（串级式）（注意值）。

（2）≤0.005（非串级式）（注意值）。

3. 注意事项

（1）对于分级绝缘非串级电压互感器采用反接线法，有一次绕组短接加压，由于一次绕组尾端 N 承受试验电压较低，所以试验电压不应大于 2kV。

（2）串级电压互感器采用末端屏蔽法测试时，对于 110kV 电压互感器实际的电容量为 2 倍的测量值，对于 220kV 电压互感器实际的电容量为 4 倍的测量值。

三、TV 特性试验

1. 试验项目及方法

试验项目及方法如表 7-3 所示。

表 7-3   试 验 项 目 及 方 法

项目	试验方法
直流电阻	一次绕组 AX，采用高阻值直阻测试仪或单笔电桥； 二次绕组 1a1n、2a2n、…，采用低阻值直阻测试仪或双臂电桥
变比	1. 将 TV 的尾端 X 接地（对于等级绝缘的互感器，将一次绕组的一端接地），二次绕组的 n 端接地。 2. 由一次侧加压 10kV，读取二次电压，见右图，计算出其电压比，与铭牌变比的计算值进行比较

项目	试验方法
空载电流试验	按右图接线，由二次绕组加压，记录励磁电流值，测试点至少应包括额定电压的 0.2、0.5、0.8、1.0、1.2 倍，记录各测量点励磁电流值 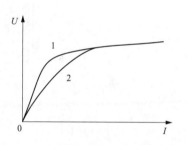 空载电流试验
TV 极性	将指针万用表调至直流电压的最小挡位，正极和负极分别接 TV 二次圈的 a 和 n；用绝缘电阻表的正极接 TV 一次绕组的 A，负极点 X；指针正起为减极性或同极性

2. 判断标准：【国网（运检/3）829-2017 国家电网公司变电检测管理规定：附录 A.7.1】

（1）同温度下与出厂值比较，互差不应大于：一次绕组为 10%，二次绕组为 15%。

（2）互感器励磁特性曲线试验的目的主要是检查互感器铁芯质量，通过磁化曲线的饱和程度判断互感器有无匝间短路，励磁特性曲线能灵敏地反映互感器铁芯、线圈等状况。

将测量出的电流、电压进行绘图如图 7-3 所示，一般来讲同批同型号、同规格电流互感器在拐点的励磁电压无明显的差别，与出厂试验值也没有明显变化见图 7-3 中曲线 1。当互感器有铁芯松动，线圈匝间短路等缺陷时，其拐点的励磁电压较正常有明显的变化见图 7-3 中曲线 2。

（3）如果在测量中出现非正常曲线，试验数据与原始数据相比变化较明显，首先检查试验接线是否正确，测试仪表是否满足要求，以及铁芯剩磁的影响等。

图 7-3　电流励磁曲线示意图

（4）对于额定电压的 0.2、0.5、0.8、1.0、1.2 倍测量点，测量出对应的励磁电流，与出厂值相比应无显著改变；与同一批次、同一型号的其他电磁式电压互感器相比，彼此差异不应大于 30%。交接试验时，励磁特性的拐点电压应大于 $1.5U_m$（中性点有效接地系统）或 $1.9U_m$（中性点非有效接地系统）。

（5）变比、极性应与名牌一致。

3. 注意事项

（1）如果采用单臂电桥测试二次线圈直阻时，结果应减去线阻。

（2）电压互感器进行励磁特性和励磁曲线试验时，一次绕组、二次绕组及辅助绕组均开路，非加压绕组同名端接地，特别是分级绝缘电压互感器一次绕组尾端更应注意接地，铁芯及外壳接地。二次绕组加压，加压绕组尾端一般不接地。

四、局部放电（干式 TV）试验

1. 试验方法

局部放电测试方法如图 7-4～图 7-7 所示。

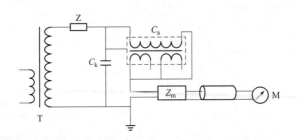

图 7-4　局部放电测试方法（一）（串联法）

T—试验变压器；C_a—被试互感器电容；C_k—耦合电容器电容；M—PD 测量装置；

Z_m—测量阻抗；Z—滤波器（如果 C_k 为试验变压器的电容，则不要求滤波器）

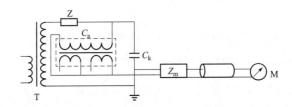

图 7-5　局部放电测试方法（二）（并联法）

T—试验变压器；C_a—被试互感器电容；C_k—耦合电容器电容；M—PD 测量装置；

Z_m—测量阻抗；Z—滤波器（如果 C_k 为试验变压器的电容，则不要求滤波器）

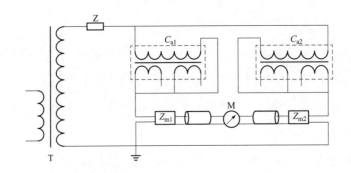

图 7-6　局部放电测试方法（三）（平衡法）

T—试验变压器；C_{a1}—被试互感器电容；C_{a2}—无局放的试品电容；M—局部放电测试仪器；

Z_{m1}、Z_{m2}—测量阻抗；Z—滤波器

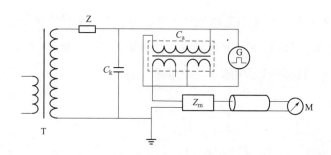

图 7-7　局部放电测试方法（四）（平衡法）

T—试验变压器；C_a—被试互感器电容；C_k—耦合电容器电容；M—PD 测量装置；Z_m—测量阻抗；

Z—滤波器（如果 C_k 为试验变压器的电容，则不要求滤波器）；G—带有电容 C_0 的冲击发生器

（1）如果在工频耐压试验之后，通过降低电压来达到局部放电测量电压，或者是在工频耐压试验之后，进行局部放电试验。

（2）施加的电压升至工频耐受电压的 80%，持续时间不少于 60s。然后，直接降到规定的局部放电测量电压，预加电压之后，当达到规程规定的局部放电测量电压时，在 30s 内测量局部放电水平。

（3）试验电压下，试品的工频电容电流超出测量阻抗 Z_m 允许值，或试品的接地部位固定接地时，可采用并联法试验回路。试验电压下，试品的工频电容电流符合测量阻抗 Z_m 允许值时，可采用串联法试验回路。试验电压下，串联法和并联法试验回路有过高的干扰信号时，可采用平衡法试验回路。

2. 判断标准：【国网（运检/3）829-2017 国家电网公司变电检测管理规定：附录 A.7.1】

$1.2U_m/\sqrt{3}$ 下：≤20pC（气体），≤20pC（液体浸渍）。

　　　　　　≤50pC（固体）（注意值）。

3. 注意事项

（1）每次使用前应检查校准方波发生器电池是否充足电。

（2）从串联电容到被试品的引线应尽可能短直并采用带屏蔽层的电缆，串联电容与校准方波发生器之间的连线最好选用同轴电缆，以免造成校准方波的波形畸变。

（3）采用屏蔽式电源隔离变压器及低通滤波器抑制电源干扰。

（4）试验回路采用一点接地，降低接地干扰。

（5）将试品置于屏蔽良好的试验室，并采用平衡法、对称法和模拟天线法的测试回路，抑制辐射干扰。

（6）远离不接地金属物产生的感应悬浮电位放电或采用接地的方式消除悬浮电位放电干扰。

（7）在高压端部采用防晕措施（如防晕环等），高压引线采用无晕的导电圆管，以及保

证各连接部位的良好接触等措施消除电晕放电和各连接处接触放电的干扰。

（8）使用的试验变压器和耦合电容器的局部放电水平应控制在一定的允许量以下，降低其内部放电干扰。建议采用无局部放电变压器。

五、耐压试验

1. 试验方法

（1）一次对地耐压（按出厂值的80％）。

1）分级绝缘电压互感器：感应耐压试验。

在二次绕组施加一足够的励磁电压，使一次绕组感应出规定的试验电压值，在高压侧测量试验电压。试验时，座架、箱壳（如果有）、铁芯（如果要求接地）、每个二次绕组的一个端子和一次绕组的一个端子等均应连在一起接地。一般采用三倍频感应试验，试验接线如图7-8所示。

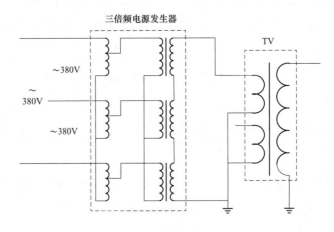

图7-8　三倍频耐压试验

在三倍频试验变的一次绕组上施加正弦交流电，并使其铁芯达到饱和，这样铁芯中产生平顶波的磁通，可以分解出基波、三次、五次……谐波磁通，并分别在二次绕组中感应出基波和三次谐波（三倍频）电势。二次三角形开口处，基波电压的三相向量和为零，而三次谐波电压为三相三次谐波电压的代数和，即三角形开口端输出为三倍频电压。对于35kV等级的TV，一次耐压为72kV，通过变比计算出二次应施加的激励电压。

2）等级绝缘电压互感器（如放电线圈）：外施工频耐压试验。

试验电压应按出厂值的80％或相关标准规定的相应值，施加在一次绕组准备接地的端子与地之间，历时1min。座架、箱壳（如果有）、铁芯（如果要求接地）和二次绕组所有端子均应连在一起接地。

（2）二次间及对地交流耐压：将被试二次绕组短接接试验变压器高压输出，其他二次绕组短接接地。

2.判断标准：【国网（运检/3）829-2017 国家电网公司变电检测管理规定：附录 A.7.1】

（1）一次绕组采用感应耐压，耐受 80％出厂试验电压。时间根据试验频率折算，但应在 15s～60s 之间。

（2）二次绕组之间对地 2kV，坚持 1min，泄漏电流表指针不应有太大变化。

3.注意事项

（1）对于感应耐压试验，试验电压频率可以比额定电压频率高，以免铁芯饱和。持续时间应为 1min。但是，若试验频率超过两倍额定频率时，其试验时间可少于 1min 并按下式计算，但最少为 15s。

$$耐压时间(s) = \frac{额定频率}{试验频率} \times 120 \quad （对于三倍频，加压时间应为 40s）$$

（2）对于工频耐压试验，应首先计算试验变压器容量或电流是否满足试验要求，计算公式如下：

$$试验变压器的额定电流 I_e(mA)： \quad I_e \geqslant \omega C_x U$$
$$或试验变压器容量 S_e(kVA)： \quad S_e \geqslant \omega C_x U U_e \cdot 10^{-3} \tag{7-1}$$

式中　ω——角频率（$2\pi f$，$f=50Hz$）；

　　C_x——试品电容量，μF；

　　U——耐压试验电压，kV；

　　U_e——试验变压器额定电压，kV。

第八章

电容式电压互感器（CVT）

超高压 CVT 结构原理如图 8-1 所示，特高压 CVT 结构原理如图 8-2 所示。

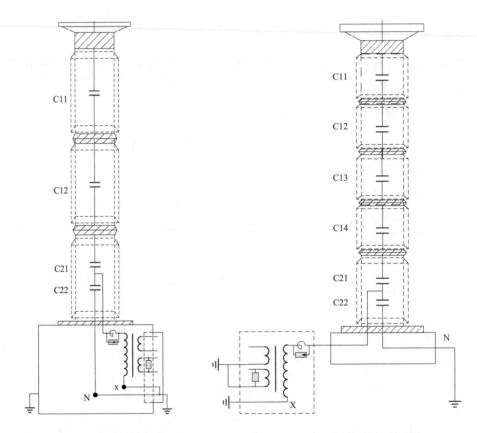

图 8-1　超高压 CVT 结构原理图　　　　图 8-2　特高压 CVT 结构原理图

一、绝缘电阻试验

1. 试验方法

试验方法如表 8-1 所示。

2. 判断标准：【国网（运检/3）829-2017 国家电网公司变电检测管理规定：附录 A.7.2】

（1）电容器极间绝缘电阻：≥10000MΩ（1000kV）（注意值），≥5000MΩ（其他）（注意值）。

表 8-1　　　　　　　　　　　试　验　方　法

测试项目			—（L）	+（E）	屏蔽（G）	备注
C11	拆线	—	C11 首端	C12 末端	—	2500V
	不拆线	220kV	地	C11 末端	N 和 X 短接	2500V
		500kV 及以上	C11 首端	地	C12 末端	2500V
C12、C13……			被试电容首端	被试电容末端	—	2500V
C21			C21 首段	X	—	2500V
C22			N	X	—	1000V
N 对地			N	地	—	1000V
X 对地			X	地	—	1000V
二次绕组间及对地			被试绕组短接	非被试绕组 短接接地	—	1000kV：2500V 500kV 及以下：1000V

（2）N 对地：≥100MΩ。

（3）X 对地：≥1000MΩ。

（4）二次间及对地：≥1000MΩ（1000kV），≥10MΩ（其他）（注意值）。

3. 注意事项

（1）测量时二次间及对地绝缘电阻时，二次绕组要处于短接状态；其他部位绝缘电阻测试要求每个线圈只能有一端接地。

（2）220kV 的 CVT 不拆线测试 C11 时，由于绝缘电阻表的屏蔽端与负极为等电位，N、X 绝缘比较薄弱，所以应由地加压，地接屏蔽，使 N、X 和地为等电位。

（3）测试完毕，将 N、X 端子恢复接地。

绝缘电阻测试如图 8-3～图 8-7 所示。

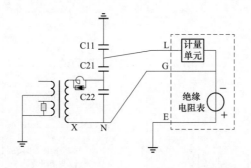

图 8-3　220kV CVT 上节不拆线绝缘电阻测试

二、介损、电容量试验

1. 试验方法

试验方法如表 8-2 所示。

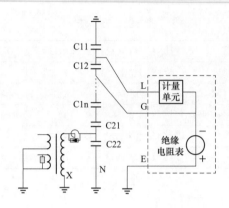

图 8-4　500kV 及以上 CVT 上节不拆线绝缘电阻测试

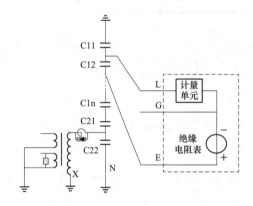

图 8-5　C12~C1n 绝缘电阻测试

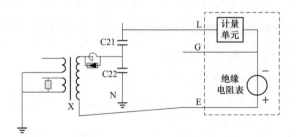

图 8-6　C21 绝缘电阻测试

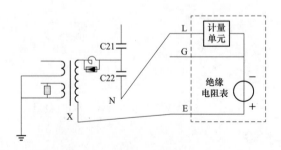

图 8-7　C22 绝缘电阻测试

表 8-2　　　　　　　　　　　　**试 验 方 法**

	测试项目		HV	Cx	接线方式	备注
C11	拆线	—	C11 首端	C12 末端	正接线（10kV）	非接地试品
	不拆线	220kV	C11 末端	N、X 短接	反接线低压屏蔽法	接地试品
		500kV 及以上	C11 末端	C12 末端		
C12～C1n			C1n 首端	C1n 末端	正接线（10kV）	非接地试品
C21、C22			N	C21 首端	自激法（3kV）	由 dadn 施加激励电压：15V、15A

介损、电容量测试如图 8-8～图 8-11 所示。

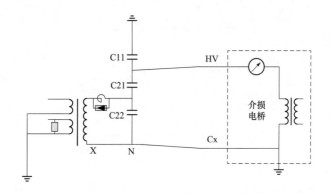

图 8-8　220kV CVT 上节不拆线介损、电容量测试

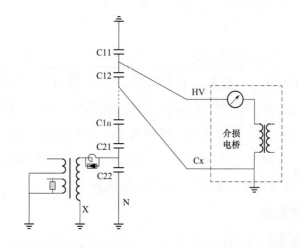

图 8-9　500kV 及以上 CVT 上节不拆线介损、电容量测试

2. 判断标准：【国网（运检/3）829-2017 国家电网公司变电检测管理规定：附录 A.7.2】

（1）介损值：≤0.005（油纸绝缘）（注意值）；

　　　　　　≤0.002（膜纸复合）（1000kV），≤0.0025（膜纸复合）（其他）（注意值）。

（2）电容量：初值差不超过±2%（警示值）；一相中任两节实测电容值差不应超过

5%。

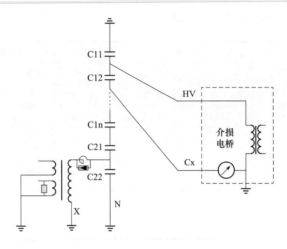

图 8-10　C1n 介损、电容量测试

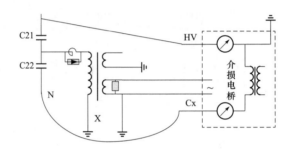

图 8-11　C21、C22 介损、电容量自激法测试

3. 注意事项

（1）测试完毕，将 N 端子恢复接地。

（2）反接线高压屏蔽法：一般在济南泛华电桥上可以使用；反接线时高压测试线上的黑色线夹为高压屏蔽线，自动将信号屏蔽掉，与高压测试线等电位。思创电桥无该屏蔽线。

（3）反接线低压屏蔽法：反接线时，泛华电桥在光标移到"测试"时，按"↑"或"↓"，此时屏幕上显示"M"，为低压屏蔽法，可以将 Cx 线所连接端子上的信号屏蔽掉。思创电桥，需要选择"CVT 测量选项"选择低压屏蔽测试。

三、中间 TV 特性试验

试验方法及要求如表 8-3 所示。

表 8-3　　　　　　　　　　　　　　　试 验 方 法 及 要 求

项目	试验方法及要求
二次绕组电阻	（1）首先用单臂电桥测试出试验线的线阻。 （2）然后分别测试各二次绕组的直流电阻，除去线阻后，记录直流电阻值。 （3）与出厂值或交接值比较，同温度下互差不大于 15％

项目	试验方法及要求
中间 TV 的变比	(1) 利用试验变压器或 10kV 的单相 TV 对 C_2 进行加压 10kV，分别读取各二次绕组的输出电压，计算出各绕组的电压比。 (2) 换算出含耦合电容器的总电压比。 (3) 测试时，各绕组的一端应接地。 (4) 计算变比不应与额定变比差别太大
中间 TV 的极性	(1) 将指针万用表旋到直流电压挡，各二次绕组的 a 和 n 端分别接指针万用表的正极和负极，利用绝缘电阻表在 C_2 的首端或 N 头对地施加一个瞬间的正极直流高电压，中间变压器 X 端必须接地，观察万用表指针的摆动。 (2) 如果万用表指针正起，表示极性为减极性或同极性，反之为加极性或反极性

第九章

无间隙金属氧化物避雷器（MOA）

一、绝缘电阻试验

1. 试验方法

试验方法如表 9-1 所示。

表 9-1   试 验 方 法

测试项目		−（L）	+（E）	屏蔽（G）
底座	拆线	底座上法兰	地	—
	不拆线	底座上法兰	地	下节上法兰
上节	拆线	上节上法兰	上节下法兰	—
	不拆线	上节下法兰	地	第二节下法兰
中、下节	拆线和不拆线	被试节上法兰	被试节下法兰	—

2. 判断标准：【国网（运检/3）829-2017 国家电网公司变电检测管理规定：附录 A.8】

（1）底座：1000kV：自行规定；其他：≥100MΩ。

（2）本体：≥2500MΩ。

3. 注意事项

（1）底座：采用 2500V 绝缘电阻表或 5000V 绝缘电阻表。

（2）本体：采用 5000V 绝缘电阻表。

绝缘电阻测试如图 9-1～图 9-3 所示。

二、直流试验

1. 试验方法

直流试验方法如图 9-4～图 9-7 所示。

2. 判断标准：【国网（运检/3）829-2017 国家电网公司变电检测管理规定：附录 A.8】

（1）U_{1mA}（U_{8mA}、U_{3mA}）实测值与初值差不超过±5%且不低于 GB 11032 规定值（注意值）。

（2）0.75 倍直流参考电压下泄漏电流：500kV 及以下≤50μA（注意值），1000kV（包括线路中性点电抗器避雷器）≤200μA（注意值）；特高压 110kV 电容器组避雷器≤100μA（注意值）。

（3）泄漏电流初值差≤30%。

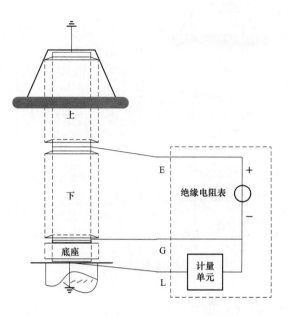

图 9-1　220kV 避雷器上节不拆线绝缘电阻测试

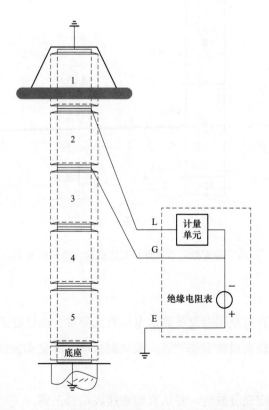

图 9-2　500kV 及以上避雷器上节不拆线绝缘电阻测试

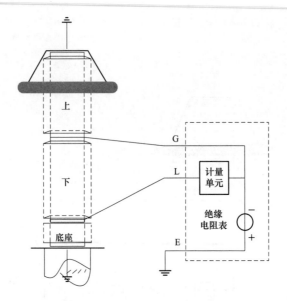

图 9-3　底座不拆线绝缘电阻测试

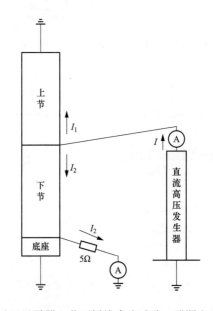

图 9-4　220kV 避雷器上节不拆线直流试验（泄漏电流 $I_1 = I - I_2$）

3. 注意事项

（1）先将设备空载升压至试验设备额定电压有无异常，选择过流保护挡位。

（2）如果相对湿度较大或避雷器较脏，需从测量端下部瓷裙加屏蔽，屏蔽需缠绕紧密，接测量线的屏蔽线。

（3）测试前被试品应充分放电，并认真检查接线是否正确。

（4）U_{1mA} 不低于 GB 11032 规定值：

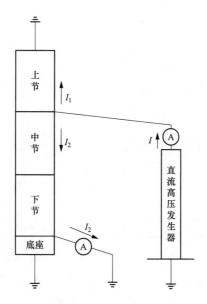

图 9-5　500kV 及以上避雷器上节不拆线直流试验（泄漏电流 $I_1 = I - I_2$）

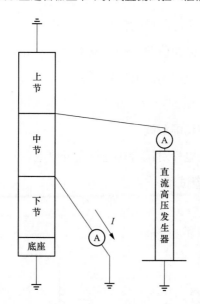

图 9-6　超高压避雷器中节不拆线直流试验（泄漏电流 I）

1）标称放电电流 20kA 等级避雷器（500kV 等级），额定电压为 420kV 的要求小于 565kV（整体）；额定电压为 444kV 的要求小于 597kV（整体）。

2）标称放电电流 10kA 等级避雷器，额定电压为 200kV 的要求小于 290kV（整体），额定电压为 420kV 的要求小于 565kV（整体），额定电压为 444kV 的要求小于 597kV（整体）。

3）标称放电电流 5kA 等级避雷器（220kV 等级），额定电压为 200kV 的要求小于 290kV（整体）。

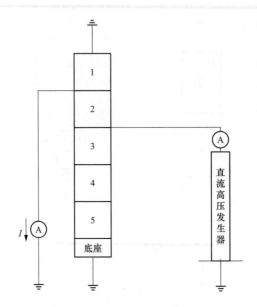

图 9-7　特高压避雷器中节不拆线直流试验（泄漏电流 I）

（5）U_{1mA}初值差化不大于±5％（注意值）。

（6）0.75U_{1mA}下的泄漏电流初值差≤30％或不大于 50μA（注意值）。

（7）U_{1mA}的实测值与初始值或出厂值比较不大于±5％；75％U_{1mA}下泄漏电流不应大于 50μA 或初值差≤30％。

（8）测量电流的导线应使用屏蔽线。

（9）试验结束后，通过放电棒对试验线进行充分放电，然后才能拆除试验线。

三、放电计数器动作检查试验

1. 试验方法

放电计数器试验接线如图 9-8 所示。

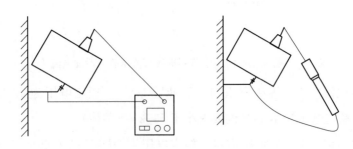

图 9-8　放电计数器试验接线图

（1）动作计数器检查：将冲击试验器的低压侧线夹接放电计数器外壳，高压线夹接放电计数器小套管端子；将试验钮转为计数器动作，点击 5～10 次计数器均能正常动作。

（2）泄漏电流表检查：将试验钮转为校准表计，旋转调节钮，每 1mA 读取计数器表计的电流数，直至计数器电流达到最大值。

2. 判断标准

（1）动作计数器检查：每次动作跳数顺畅，不发生卡针，电流指针在冲击式正常偏转。

（2）泄漏电流表检查：电流表读数与实际测试数据无太大偏差。

3. 注意事项

（1）冲击试验完成后，先关闭电源，应对冲击试验器进行放电后再进行拆线。

（2）进行泄漏电流表计检查时，应首先查看泄漏电流所示为峰值还是平均值，据此选择峰值或平均值挡位。

四、交流参数测试试验

1. 试验方法

（1）带电测试（运行中）：将电压和电流信号线与仪器连接好，电压信号由与被测试避雷器对应的 TV 端子箱内的在线检测空气断路器中取，电流信号由避雷器取得。测试 A 相：红色和黑色电压线分别夹 A 和 N 相，电流线先夹至 B 相测试出干扰，然后根据仪器的提示夹至 A 相进行测试（C 相操作同）；测试 B 相：电压线取 B 相，电流线取 B 相避雷器，选择直接测试。

（2）停电测试（如中性点小电抗器避雷器及 0 号站用变压器进线避雷器）。氧化锌避雷器交流参数测试如图 9-9 所示。

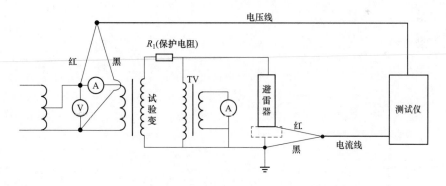

图 9-9　氧化锌避雷器交流参数测试

2. 判断标准：【国网（运检/3）829-2017 国家电网公司变电检测管理规定：附录 A.8】

（1）带电测试：阻性电流初值差≤50%，且全电流≤20%，当阻性电流增加 0.5 倍时应缩短试验周期并加强监测，增加 1 倍时应停电检查；通过与历史数据及同组间其他金属氧化物避雷器的测量结果相比较做出判断，彼此应无显著差异。

（2）停电试验：电压取避雷器的持续运行电压，所测总泄漏电流和阻性电流的基波峰值应符合厂家要求。

3. 注意事项

（1）取电流信号夹线时，必须戴绝缘手套。

（2）取电压信号时要从专门的二次电压信号抽取开关处取。

（3）所测总电流和阻性电流值与初始值比较不应有明显变化。

（4）当阻性电流值比前次所测值及初始值增加 1 倍时应停电检查。

（5）直接升压测试，电压取避雷器的持续运行电压，所测总泄漏电流和阻性电流的基波峰值应符合厂家要求。

第十章

带间隙避雷器（阻波器内避雷器）

一、绝缘电阻试验

试验接线方式如表 10-1 所示。

表 10-1   试 验 接 线 方 式

所测项目	绝缘电阻表接线		要求值（MΩ）	备注
	−	+		
本体	被测试节的首端	末端	≥2500	2500V

二、工频放电试验

1. 试验方法

带间隙避雷器工频放电试验如图 10-1 所示。

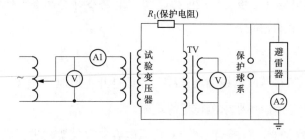

图 10-1   带间隙避雷器工频放电试验

2. 判断标准

（1）当达到避雷器放电电压时，电流表 A2 会突然重大，记录此时的电压值。

（2）联系进行 5 次试验，计算电压的平均值，得到避雷器工放电压。

3. 注意事项

（1）试验回路应设有过流保护：阀式避雷器应将放电电流控制在 0.2～0.7A；氧化锌避雷器应将放电电流控制在 0.05～0.2A。

（2）切断电流时间不大于 0.5s。

第十一章

并联电力电容器

一、极对地绝缘电阻试验

1. 试验方法

单相电容器极对地绝缘电阻测试如图 11-1 所示。

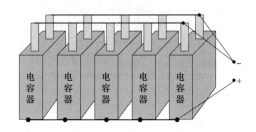

图 11-1　单相电容器极对地绝缘电阻测试

2. 判断标准：【国网（运检/3）829-2017 国家电网公司变电检测管理规定：附录 A.9】

绝缘电阻值不小于 2000MΩ。

3. 注意事项

（1）要求拆除电容器与放电线圈的连线，并且打开主接地开关（×××－XD）。

（2）对于单套管电容器不要求测试绝缘电阻。

（3）在突然故障后的检查测试前，应对每只电容器以及架构进行成分放电。

二、单体电容器电容量测试试验

1. 试验方法

单个电容量测试如图 11-2 所示。

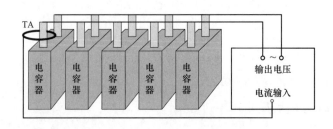

图 11-2　单个电容量测试

2. 判断标准:【国网(运检/3)829-2017 国家电网公司变电检测管理规定:附录 A.9】

(1)电容器组的电容量与额定值的相对偏差应符合下列要求:

> 3Mvar 以下电容器组:−5%~10%;
>
> 3~30Mvar 电容器组:0%~10%;
>
> 30Mvar 以上电容器组:0%~5%。

(2)任意两线端的最大电容量与最小电容量之比值,应不超过 1.05。

(3)当测量结果不满足上述要求时,应逐台测量。单台电容器电容量与额定值的相对偏差应在−5%~10%之间,且初值差不超过±5%。

3. 注意事项

(1)严禁电容器的两端出现短路,即仪器的输出电压短路。

(2)测量用 TA 的电源开关要处于关闭状态。

(3)在突然故障后的检查测试前,应对每只电容器以及架构进行成分放电。

三、总电容量试验

1. 试验方法

(1)试验原理。总电容量测试原理如图 11-3 所示。

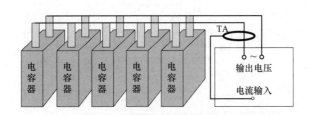

图 11-3 总电容量测试原理

(2)试验方法。

1)开口三角保护方式。

开口三角电压保护也叫零序电压保护,一般用于单星形接线的电容器组。他的工作原理是分别检测电容器两端的电压,再将二次侧接成开口三角形,在开口处连接一只整定值较低的电压继电器,从而得出零序电压。正常运行时,电容器三相容抗对称,三相电压平衡,开口处电压为零;当电容器故障时,电容器组出现差电压,当超过限定值时,保护装置将动作跳闸将整组电容器从母线上切除。

试验时分别测试每组单星中的 A、B、C 相总电容量,如图 11-4 接线,每堆电容器组首尾接线加压,回路取电流,测量总电容量。

2)差压保护方式。

相电压差动保护,简称差压保护。此种保护方式的外部特征是每相平分为上、下两部分，每部分接一个放电线圈，二次线圈反极性串联后接入电压继电器。正常运行时，两段电容值相等，两个放电线圈承受的电压也相同，差压为零。当某一个或几个元件故障时，两个放电线圈就会出现电压差，当电压差超过限定值时，差压保护将动作跳闸。

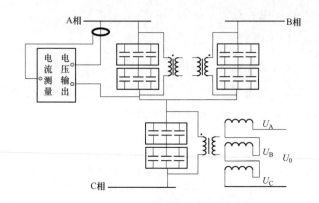

图 11-4　开口三角保护总电容量测试原理

试验时分别测试每相的上下两堆电容器的总电容量，如图 11-5 接线，每堆电容器组首尾接线加压，回路取电流，测量总电容量。

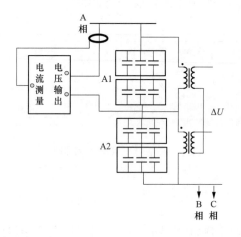

图 11-5　差压保护总电容量测试原理

3）桥差电流保护方式。

桥差电流保护是一种针对单星接线的保护，此种保护方式的外部特征是电容器组分相分两堆（即两个支路）设置，每相的串联段数为双数，每相两堆中间桥接一台电流互感器。正常运行时，中间桥中的电流为零，当某一电容器有故障被切除时，桥接电路中产生电流，保护装置采集到差电流信号后动作跳闸。

试验时首先拆除差流 TA 的接线，分别测试每相中四组桥臂的总电容量。如图 11-6 接线，A1 桥臂首端接线 L1、A2 桥臂尾端接线 L2 一起接测试仪电压输出一端，两桥臂中点接测试仪电压输出另一端，取电流的卡钳表依次读取 L1、L2 电流数据，依次测量 A1、A2 总电容量；A3、A4 总电容里测试方法与 A1、A2 一致。

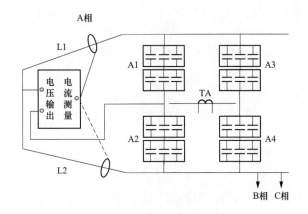

图 11-6　差流保护总电容量测试原理

2. 判断标准

开口三角保护方式：

电容器组正常运行时，三相电压平衡，开口三角不输出电压，当任一相电容器组内部元件发生故障时，由于电容器三相容抗不平衡，中性点将漂移并出现零序电压 U_0（如图 11-7 所示），此时：

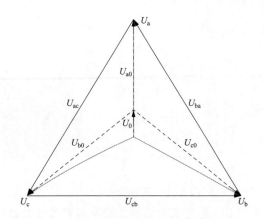

图 11-7　中性点偏移时电压矢量图

$$I_a = \frac{U_a - U_0}{X_a}, I_b = \frac{U_b - U_0}{X_b}, I_c = \frac{U_c - U_0}{X_c} \qquad (11\text{-}1)$$

式中　I_a、I_b、I_c——电容器 A、B、C 相电流；

　　　X_a、X_b、X_c——电容器 A、B、C 相容抗；

　　　U_a、U_b、U_c——各相运行相电压，U_0 为零序电压。

根据基尔霍夫电流定律：

$$I_a + I_b + I_c = 0 \tag{11-2}$$

所以：

$$\frac{U_a - U_0}{X_a} + \frac{U_b - U_0}{X_b} + \frac{U_c - U_0}{X_c} = 0 \tag{11-3}$$

由于 A 相出现电容量变化，所以 $X_a \neq X_b = X_c$，又 $U_b + U_c = -U_a$。

代入上式求解得：

$$U_0 = \frac{X_b - X_a}{X_b + 2X_a} \times U_a \tag{11-4}$$

放电线圈二次首尾相接输出电压为：

$$U_{a0} + U_{b0} + U_{c0} = (U_a - U_0) + (U_b - U_0) + (U_c - U_0) = -3U_0 \tag{11-5}$$

根据现场试验数据带入公式计算零序电压 U_0，开口三角输出 $3U_0$，经过放电线圈输出给保护装置的电压 $U_{dz} = 3U_0/K$，与整定值对比，确定故障原因。

3. 注意事项

（1）将主接地开关（×××-XD）打开，合上-19、-29、-39 接地开关。

（2）拆开电容器与放电线圈的连接线。

（3）在突然故障后的检查测试前，应对每只电容器以及架构进行成分放电。

四、交流耐压试验

1. 试验方法

电容器交流耐压如图 11-8 所示。

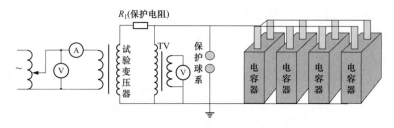

图 11-8 电容器交流耐压

2. 判断标准：【GB/T 50150 电气装置安装工程电气设备交接试验标准：19.0.5】

（1）并联电容器电极对外壳交流耐压试验电压值应符合表 11-1 的规定；当产品出厂试验电压值不符合表 11-1 的规定时，交接试验电压应按产品出厂试验电压值的 75% 进行。

表 11-1 　　　　　　　　　　并联电容器交流耐压试验电压标准

额定电压（kV）	<1	1	3	6	10	15	20	35
出厂试验电压（kV）	3	6	18/25	23/30	30/42	40/55	50/65	80/95
交接试验电压（kV）	2.25	4.5	18.76	22.5	31.5	41.25	48.75	71.25

注　斜线下方数据为外绝缘的干耐受电压。

（2）对于额定电压不符合表 11-1 规定时，按插入法计算，如对于 U_e=12kV 的电容器，其试验电压值的计算公式为：

$$U = 31.5 + \frac{12-10}{15-10} \times (41.25 - 31.5) = 35.4(\text{kV})$$

（3）耐压 1min 无异常。

3. 注意事项

（1）试验前应计算试验变压器容量是否满足要求，并设置过流保护不超过变压器的要求。

（2）对于单套管的电容器，不进行该项试验。

（3）对于工频耐压试验，应首先计算试验变压器容量或电流是否满足试验要求，计算公式如下：

试验变压器的额定电流 I_e(mA)：　　$I_e \geqslant \omega C_x U$

或试验变压器容量 S_e(kVA)：　　$S_e \geqslant \omega C_x U U_e \cdot 10^{-3}$ 　　　　(11-6)

式中　ω——角频率（$2\pi f$，f＝50Hz）；

　　C_x——试品电容量，μF；

　　U——耐压试验电压，kV；

　　U_e——试验变压器额定电压，kV。

第十二章

电力电缆（交联聚乙烯绝缘）

一、绝缘电阻试验

1. 试验方法

（1）主绝缘电阻（相对地）：将非被试相接地，测试被试相对地的绝缘电阻。

（2）外护套及内衬层绝缘电阻：三相短接接地，拆开电缆两端接地软线，测试接地线对地的绝缘电阻。

2. 判断标准：【国网（运检/3）829-2017 国家电网公司变电检测管理规定：附录 A. 14】

（1）主绝缘电阻（相对地）：与上次相比无显著变化（注意值），250m 及以下电缆绝缘电阻 20℃时按如下要求：6～10kV 不小于 1000MΩ（注意值），35kV 不小于 1500MΩ（注意值）。

（2）250m 以上时，绝缘电阻满足 GB 9326 的要求。

（3）外护套及内衬层绝缘电阻：外护套或内衬层的绝缘电阻（MΩ）与被测电缆长度（km）的乘积值：≥0. 5。

3. 注意事项

（1）要求将与电缆连接的设备拆除。

（2）主绝缘电阻采用 5000V 绝缘电阻表，外护套及内衬层绝缘电阻采用 1000V 绝缘电阻表。

（3）测试完毕，要对被试相和接地线进行充分多次放电。

二、交流耐压试验

1. 试验方法

电缆交流耐压试验接线如图 12-1 所示。

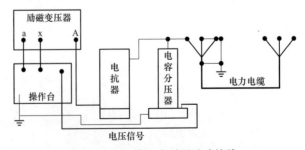

图 12-1　电缆交流耐压试验接线

2. 判断标准：【国网（运检/3）829-2017 国家电网公司变电检测管理规定：附录 A.14】30～300Hz 下谐振耐压试验，试验电压见表 12-1。

表 12-1　　　　　　　　　　　　　试　验　电　压

电压等级	试验电压	加压时间
220kV 及以上	$1.36U_0$	5min
110（66）kV	$1.6U_0$	5min
10～35kV	$2U_0$	5min

3. 注意事项

（1）采用自动调频方法；如果采用手动调频，应现稍微施加一个小的电压，然后调节频率，使仪器在电流最小时，电压非常敏感，然后在此频率下将电压升至试验电压。

（2）电缆两侧都要设置围栏并设专人进行监护。

三、金属蔽层电阻和导体电阻比试验

1. 试验方法

用单臂电桥分别每相测量金属屏蔽层和导体直阻，计算其比值。

2. 判断标准：【国网（运检/3）829-2017 国家电网公司变电检测管理规定：附录 A.14】

在相同温度下，屏蔽层电阻和导体电阻之比无明显改变。比值增大，可能是屏蔽层出现腐蚀。比值减少，可能是附件中的导体连接点的电阻增大。

3. 注意事项

应在相同温度下测量，或换算为相同温度下的直流电阻。

第十三章

悬式绝缘子

一、绝缘电阻试验

1. 试验方法

悬式绝缘子绝缘电阻测试如图 13-1 所示。

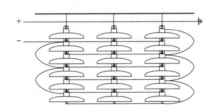

图 13-1　悬式绝缘子绝缘电阻测试

2. 判断标准：【国网（运检/3）829-2017 国家电网公司变电检测管理规定：附录 A.12】

（1）绝缘电阻应不低于 500MΩ。

（2）达不到 500MΩ 时，在绝缘子表面加屏蔽环并接绝缘电阻表屏蔽端子后重新测量，若仍小于 500MΩ 时，可判定为零值绝缘子。

3. 注意事项

宜用 5000V 绝缘电阻表。

二、耐压试验

1. 试验方法

悬式绝缘子交流耐压试验如图 13-2 所示。

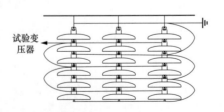

图 13-2　悬式绝缘子交流耐压试验

2. 判断标准：【国网（运检/3）829-2017 国家电网公司变电检测管理规定：附录 A. 12】
60kV 工频耐压下 1min 无异常。

3. 注意事项

（1）升压时要时刻注意电流表、电压表的变化。

（2）认真听变压器的声响。

（3）测试完毕，用手感觉变压器的温度有无变化。

（4）要求变压器能够在规定电压下耐受 1min。

（5）对于工频耐压试验，应首先计算试验变压器容量或电流是否满足试验要求，计算公式如下：

$$\text{试验变压器的额定电流 } I_e(\text{mA})： \qquad I_e \geqslant \omega C_x U$$
$$\text{或试验变压器容量 } S_e(\text{kVA})： \qquad S_e \geqslant \omega C_x U U_e \cdot 10^{-3} \tag{13-1}$$

式中　ω——角频率（$2\pi f$，$f=50$）；

　C_x——试品电容量，μF；

　U——耐压试验电压，kV；

　U_e——试验变压器额定电压，kV。

第十四章

地网、接地装置

一、地网接地电阻试验

1. 试验方法

按图 14-1 所示接线测试,然后将电压线 L_U,向前和向后移动一定距离(L_I 的 5%),分别进行测量,如果三次测量值接近,认为测试结果可靠。

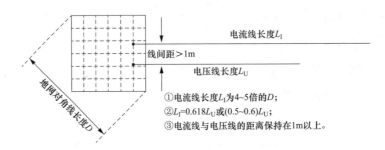

图 14-1 地网接地电阻测试

2. 判断标准:【国网(运检/3)829-2017 国家电网公司变电检测管理规定:附录 A.17】

(1) 符合运行要求,且不大于初值的 1.3 倍。

(2) 一年中最大接地电阻要求要符合设计要求或满足下式规定:

$R \leqslant 2000/I$;其中 I 为经接地装置流入地中的短路电流(A)

(3) 如果不能满足以上要求,在技术经济运行的情况下应小于 0.5Ω,但必须采取措施以保证发生接地短路时,在接地装置上接触电压和跨步电压均不超过允许的数值,并做好隔离措施,防止高电压引外和低电压引内情况发生,并保证 3~10kV 避雷器不动作。

3. 注意事项

(1) 放线时要保证电流线与电压线无交叉,且保持在 1m 以上的距离。

(2) 每根线的接头要用绝缘带包扎好。

(3) 此项试验应在雷雨季节来临之前进行,不应在雨刚过后进行。

(4) 由于注入接地电流时,会在接地装置注入处和电流极周围产生较大低压降,所以 20~30m 半径范围内不得有人进入,防止触电。

(5) 以上要求为有效接地的电力设备接地电阻。

二、设备接地导通试验

1. 试验方法

（1）选择一个基准测试点，并做好记录，测试该基准点周围测试范围内所有的接地引下线的直流电阻。

（2）然后在更换另一个基准点，继续测试，直到全部接地引下线测试完毕。

2. 判断标准：【国网（运检/3）829-2017 国家电网公司变电检测管理规定：附录 A.17】

（1）1000kV：不得有开断、松脱现象，且必须符合设计要求。

（2）其他：变压器、避雷器、避雷针等：≤200mΩ 且导通电阻初值差≤50％（注意值）；一般设备：导通情况良好。

3. 注意事项

（1）将一测试线接一固定的接地良好处，另一测试线接各设备的接地引下线，进行测量。

（2）要求采用测量电流大于 5A 的试验仪器。

参 考 文 献

[1] 施围，邱毓昌，张乔根. 高电压工程基础. 北京：机械工业出版社，2007.

[2] 梁曦东，陈昌渔，周远翔. 高电压工程. 北京：清华大学出版社，2003.

[3] 王川波. 高电压技术. 北京：中国电力出版社，2002.

[4] 林福昌. 高电压工程. 北京：中国电力出版社，2006.

[5] 李景禄. 高电压技术. 北京：中国水利水电出版社，2008.

[6] 周泽存，沈其工，方瑜，等. 高电压技术. 北京：中国电力出版社，2007.

[7] 邱毓昌. GIS装置及其绝缘技术. 西安：西安交通大学出版社，2007.

[8] 张一尘. 高电压技术. 北京：中国电力出版社，2000.

[9] 宋执诚. 高电压技术. 北京：中国电力出版社，2004.

[10] 赵智大. 高电压技术. 北京：中国电力出版社，2006.

[11] 张纬钹，何金良，高玉明. 过电压防护及绝缘配合（第1版）. 北京：清华大学出版社，2002.

[12] 张仁豫，等. 高电压试验技术. 北京：清华大学出版社，2006.

[13] 梁曦东，等. 高电压工程. 北京：清华大学出版社，2003.

[14] 周仲武，等. 电力设备交接和预试性试验200例. 北京：中国电力出版社，2005.

[15] 陈天翔，王寅仲，海世杰. 电气试验. 北京：中国电力出版社，2008.

[16] 李建明，朱康主. 高压电气设备试验方法. 北京：中国电力出版社，2007.

[17] 李一星. 电气试验基础. 北京：中国电力出版社，2001.

[18] 王浩，李高合，武文平. 电气设备试验技术问答. 北京：中国电力出版社，2000.

[19] 华北电网有限公司. 高压试验作业指导书. 北京：中国电力出版社，2004.

[20] 吴克勤. 变压器极性与接线组别. 北京：中国电力出版社，2006.

[21] 卢明，孙新良，陈守聚，等. 架空输电线路及电力电缆工频参数的测量分析. 高电压技术，2007，5 (5).